# 地球を壊す人、救う人々

## 戦争と環境破壊連鎖の危機

宮田律

薫風社

# 地球を壊す人、救う人々

# はじめに

アフガニスタンで医療や用水路の建設などの支援活動を行っていた中村哲医師は、長年、アフガニスタンの地から環境問題に警鐘を鳴らしていた。

中村医師の著書『医者 井戸を掘る』（石風社、二〇〇一年）の中では、かつて活動していたダラエ・ヌール周辺で子どもたちがコレラや脱水症で次々と亡くなっていったことが語られている。中村医師たちがその原因を調査すると、水がなくて食器が洗えないとか、汚い水を飲むなど、干ばつによる水不足があることが判明したという。

現在（二〇二三年）も、アフガニスタンは深刻な干ばつ被害に見舞われている。

アフガニスタンで活動する過激な武装集団は「イスラム国ホラサン州（ＩＳＫＰ）」だが、これと並んでＩＳの支部にはアフリカのチャド湖周辺に「ＩＳ西アフリカ州」、さらにコンゴやモザンビークでは「ＩＳ中央アフリカ州」が活動している。これらは、いずれも水不足が深刻な地域だ。清潔な水の供給によって暴力の抑制を考えた中村医師の発想が正しかったことを、ＩＳ支部の活動が証明してしまった。

アフリカ・チャド湖は、降雨量の減少や農業用水の秩序ない利用によって、この四〇年間の間に九五％以上も面積が縮小し、消滅の危機に瀕する。ナイジェリア、チャド、カメルーン、ニジェールの主要な水源であるチャド湖の縮小は、この地域の人々の生活や生命を著しく脅かしている。

また、アフリカ中部に位置するコンゴでは、約三分の二の世帯が飲用にできる安全な水を利用できない。自宅に手洗いがある家庭も一七％に過ぎない。農業は雨水に頼っており、十分な水量がないために農産物の収穫も不十分だ。そして、十分な食事を得られていない人が全体の三二％を占める。[*1]

アフリカでは、自然のダムの役割を果たし温室効果ガスを吸収する森林の伐採が進み、さらなる干ばつをもたらすようになっている。灌漑設備の整備が遅れ、水を有効に利用できないことも、干ばつを深刻なものにしている。つまり、干ばつに対応できる技術がこれらの地域には十分に伝わっていないのだ。特に、コンゴやモザンビークでは清潔な水が利用できないために、コレラの感染も深刻になり、また農業の生産性も上がらず、飢餓や栄養失調を深刻なものにしている。

このように、気候変動によるアフガニスタンやアフリカ諸国の干ばつ、水不足が、ＩＳなど過激派の勢力伸長と暴力の背景になっている。

戦争もまた、地球環境にとってはネガティブな要因だ。

国際環境ＮＧＯの「オイル・チェンジ・インターナショナル（Oil Change International）」は、二〇〇八年三月に報告書を出し、イラク戦争開始から五年間の温室効果ガスの排出量が一億四一〇〇万トン（一年平均で二八二〇万トン）と見積もった。イラク戦争は、年間で世界全体の温室効果ガスの六〇％余りも放出した。[*2]

また、「米国緑の党」国際委員会委員長のバフラム・ザンディ氏は、サウジアラビアが二〇一五年三月から行っているイエメンへの空爆が温室効果ガスを排出していると指摘している。

二〇一六年六月、フランシスコ教皇は、人間が地球を汚染された荒地に変えていると訴えた。そして、貧しい人々は環境の悪化に最も責任がないのに、環境汚染に対し最も弱い立場にあるとして、国際社会に環境問題に緊急に取り組むように述べた。

フランシスコ教皇は地球環境問題に重大な関心を寄せ、二〇一五年九月二四日にも、米国議会で演説を行い、移民の受け入れや格差の改善にも言及した上で、地球温暖化への対策を訴えた。

フランシスコ教皇が強調する環境問題は、キリスト教世界だけで意識されているわけではない。中東イスラム世界でも、二〇一五年八月中旬にトルコ・イスタンブールで「気候変動に関する国際イスラム・シンポジウム」が開催された。

イスラム世界、特にスンニ派は、カトリック教会のように法王を頂点とする宗教的ヒエラルキーがあるわけではなく、イスラム諸国がこうして統一した行動方針を出すことは異例のことだった。エジプトの「アル＝アズハル」、インドネシアの「ウラマー評議会」など権威あるイスラム機関の代表たちも出席したこの会議では、モロッコがあと五年後か、六年後にエネルギー消費の四〇％を再生可能にしたい意向であることを明らかにしている。


本書では、環境問題がいかに政治や社会の安定に密接に深く関連するかを、現在の紛争地の例などを踏まえて明らかにする。

また、中村医師だけでなく、日本の先人には植林や水源の確保、ゴミの処理など、地球の環境問題に懸命に取り組んだ人々が数多くいる。彼らの先駆的で、野心的な活動を取り上げ、その目指したところを紹介したい。多くの困難に直面しながらも、地球規模の問題に取り組んだ気概やバイタリティーに触れることは、多くの日本人に勇気や元気を与えるであろう。

さらに、詩や文学、音楽など芸術分野から、愛と平和の情感に接し、紛争や暴力の不合理をあらためて認識する機会を提供できたらと思う。

本書が紛争や暴力を克服し、平和や安定に至る道への考察の一助になることを念願している。

＊1 https://www.worldvision.jp/news/works/africa/202008_drcongo.html
＊2 http://priceofoil.org/2008/03/01/a-climate-of-war/

# 地球を壊す人、救う人々◉目次

## 第3章 世界の環境を破壊する戦争

## 第4章　砂漠の緑化に取り組み平和を構想した日本人たち　103

装　丁　奥定泰之
カバー写真　小川尚寛
校　正　小倉優子
DTP　白石知美（システムタンク）
編集協力　奥山晶子・前田亮
構成・編集　野津山美久（薫風社）

本文写真　著者（P19,P25,P33,P51,P77,P79,P83,P99,P139）

# 第1章

# 中村哲医師が
# アフガニスタンで気づいた気候変動

## 水と食料の提供で暴力の抑制を目指した中村哲医師

中村哲医師は、アフガニスタンの干ばつに危機感を吐露する発言をしている。*1

中村医師が活動するアフガニスタン東部のジャララバードでは、室内気温が四〇度を超え、農地の三〇％が灌漑地で、また七〇％が天水に頼っていた。天水に依存する農地は壊滅状態で、伝統的な地下水路であるカレーズも水不足のために機能しなくなり、作付け可能な土地はわずかに全体の二〇％に減少した。水不足のために食料生産が落ち込み、食物価格が高騰したことを中村医師は指摘している。

アフガニスタンのほぼ全ての人々がもっている「水は生命線」だという認識に日本が貢献できれば、アフガニスタン社会の安定のために重大な貢献ができるものと中村医師は確信し、多数の中小貯水池の建設や植林による中小河川の緩流化や保水、さらに中小規模の堰と用水路による大河川からの取水を考えていた。

アフガニスタンは地球の気候変動の「最前線」のようなところだが、世界的規模の気候変動において日本が営々と積み上げてきた経験と技術を活かすことの国際的意味と、日本の存在感は決して小さくないと中村医師は信じていた。[*2]

中村医師が特に懸念したのは、干ばつが深刻な地域では治安も悪化していることだった。日々の食事に困窮する人々が犯罪に手を染め、食料を容易に手に入れられる武装集団に入り、アフガニスタンで戦乱が続く背景となっていた。中村医師は、アフガニスタンの人々が自らの手で食料の自給を進めることが平和や安定への最大の近道と考え、用水路を整備し、灌漑地を拡大させることこそが社会の安定に不可欠だと考えた。

この章では、アフガニスタンでの自然環境の変化から世界の気候変動に危機感を寄せていた中村医師の平和創造への想いと活動を紹介する。

## 気候変動を克服する道は用水路にあり

中村医師がアフガニスタンの人々から大きく評価されるのは、彼らの生活を支援することを最優先したからだ。

二〇〇一年に始まるアフガニスタンへの対テロ戦争で、欧米は軍事力でテロの抑制を考えた。しかし、それとは真逆のように、中村医師はアフガニスタンの人々が水を得るための支援を行った。アフガニスタンに四〇年近くもとどまって支援を継続すること、それ自体が異例なことで、中村医師は戦乱が四〇年以上も続いたアフガニスタンの人々の篤い信頼を得ていった。

アフガニスタンは農業国で、農業従事者が労働人口の五〇％近くを占め、またGDPの四分の一を構成する。しかし、干ばつ被害もあって小麦などの主食の生産が大きく落ち込み、食料不足に陥るようになっている。西部のバードギース州では、干ばつによって九五％の農地が耕作不能になった。

干ばつの背景には、地球温暖化の影響で、山岳地帯からの雪解け水が激減したことがある。また、中央政府の権威の失墜、あるいは政治変動による混乱のために、灌漑システムの管理も有効に行われなくなった。隣国のイランも干ばつが深刻なために、両国で共有するヘルマンド川の水利をめぐってイランとの論争も発生している。

水は飲料、医療、農作物の栽培など人間生活に欠かすことができない。アフガニスタンでも気候変動によって水不足が深刻になり、医療でも清潔な水がないために、傷が悪化したり、飲料として不潔な水を飲むためにチフスや赤痢で亡くなったりする人々が後を絶たないことに、中村医師は気づいた。そして、中村医師が築いた用水路によって、六五万人の人々の生活が支えられるようになった。

　アフガニスタンの人々は、自然と人間の共生の仕方をよくわきまえているというのが中村医師の観察だったが、それでも日々、アフガニスタンの自然に接する中で感じる気候変動の問題には、大きな危惧を抱いていた。

アフガニスタンの子ども。2002年7月、カブールにて。

　中村医師は著書『ほんとうのアフガニスタン』（光文社、二〇〇二年）の中で、「お金がなくても生きていけるけれども、雪がなくては生きていけない」というアフガニスタンのことわざを紹介している。

　井戸を掘ったり、用水路を築いたりするなどの事業を通して中村医師が最も訴えたかったのは、アフガニスタンにも影響を及ぼす地球の気候変動の問題であったに違いない。降雪が少なければ、井戸の水量も当然減少する。

　降雪の減少は、アフガニスタンに干ばつをもたらしている要因であることに間違いない。同書の中では「その貯水槽である巨大なヒンズークシュの山の雪が、だんだん消えつつあるのです。おそらく戦争が起きなくてもアフガニスタンそのものが何年かすると、砂漠化して、一千万人以上が居住空間を物理的に失うのではないかとの予測もされています。しかし、それこそ人類こぞって協力すべき課題に対して、世界のマスコミはいまだ危機感を抱いているとはいえません」と述べている。

中村医師は、人類共通の課題として、気候変動による乾燥化や砂漠化にもっと注意を向けてほしいと語っていた。

二〇二二年一月、国連は近隣諸国に逃れたアフガニスタン難民の数を五七〇万人と見積もっている。アフガニスタンの干ばつはもしかすると、中村医師が言うように一千万人以上に影響を与えているのかもしれない。

## 一本の井戸が数千人を救う

アフガニスタンでは「カレーズ」と呼ばれる横穴式井戸が盛んだ。これは、降雪や降雨で山の麓の地中にたまった水を井戸でくみ上げ、その水を横穴式で他の地域に流して供給するというものだ。

「カレーズ」はイランでは「カナート」、オマーンやUAEでは「ファラジュ」、アルジェリアでは「フォガラ」と呼ばれ、国によって深さや全長は異なる。イランでは、月のクレーターのように、井戸のくぼみが直線に並んで見える。

スペインや、南イタリア、シチリア島のパレルモ、ルーマニアにもカナートは存在し、皆イラン発祥のものと考えられているが、大規模に用いられているのはイラン、アフガニスタン、中国だ。

カナート
photo by Pafnutius, CC BY-SA 3.0, via Wikimedia Commons

水の問題は前述した『ほんとうのアフガニスタン』の中で、作家の井上ひさし氏も警鐘を鳴らし、中国の黄河が一年のうち七カ月も海に到達しないという「断流」について紹介している。そして、期間の相違こそあれ、ガンジス川、ナイル川、米国のコロラド川も断流が発生することに触れている。筆者の体験でも、一九八〇年代の終わりに訪ねたイラン・イスファハーンのザーヤンデ川は、イランの三月の新年を前にして絨毯を人々が洗うほど豊富な水量があったが、二〇〇九年一〇月に訪れると、カラカラに枯れていた。

中村医師が最も注意を向けていたのは、干ばつ被害から離村した難民たちだった。彼らを救うために行ったのが井戸掘りだったのだ。赤痢、コレラ、腸チフスという腸管感染症の治療のためには水が必要だが、水の欠乏のために、相当な数の子どもたちが亡くなっていた。

中村医師は一つの井戸で二〇〇〇人の村民の命が助かると考えていた。中村医師は井戸を掘りあてた時の感激を、前出した『ほんとうのアフガニスタン』の中で「掘った井戸から水が出ると、これは本当にうれしい。みんなで喜ぶ。今まで泥水をすすっていた村に数か所井戸ができただけで、これで何百家族も助かる。一家族、向こうはだいたい十人から百人ぐらいいますから、この一本の井戸は、これはまさに数千人の命綱なのです」と記している。

中村医師がペシャワールにアフガニスタン難民の支援に出かけたのは、蝶や山が好きだったからだった。しかし、難民キャンプでハンセン病やコレラの患者に接し、難民たちの深刻な事態に触れていくうちに、活動を放棄するのがとても困難になったという。そして、彼らに関わる問題の改善にすべてといってよいほどのエネルギーを傾注するようになり、取り組む課題や事業の規模も大きくなっていった。また、中村医師は事業を進めるうちに、アフガニスタンの野山を飛ぶ蝶の姿、虫の声など、日本の社会で失われていく「風物」を惜しむようにもなっていた。

中村医師の根気ある活動は、アフガニスタンの人々の大きな信頼を得た。現地の人たちが抱える問題の改善や解決を途中で放棄することがない中村医師に、一人の長老は「私たちは十年以上もあなたたち日本人の活動を見てきました。だから私たちは知っています。あなたたちは絶対に逃げない。色々な事があったけど今までずっとダラエ・ヌールで活動している。私たちはあなたたち日本人だけは信じる」と語ったという。

中村医師は以前に筆者に会った時に、「欧米のＮＧＯはどこか現地の人を見下したところがあります」と語っていたが、自らの表現する「下々からの目配り」がアフガニスタンの人々の心を開き、信頼されることになった。鍬や鋤、井戸掘りの用具、医療器具を通じての現地の人々との付き合いが、それを可能にさせた。

武力で介入する国の人間は上から目線に陥りがちになるが、そうした関与のあり方を中村医師は厳に戒めていた。「下々からの目配り」で、日々自然や人々の生活を観察することによって、中村医師はアフガニスタンで深刻になる環境問題に気づくようになっていったのだ。

## 教わることの多いアフガニスタンの考え方

中村医師の活動は、アフガニスタン人のイスラムという宗教も大切にしてきた。中村医師はクリスチャンだったが、イスラム教徒の礼拝所であるモスクや、教育活動を行うマドラサも建設した。アフガニスタンでは長年の内戦や米国とタリバンとの戦争で、宗教施設が破壊されるなどしていた。中村医師は、マドラサがなければイスラム社会が成り立たないと述べている。*3

マドラサはイスラムの聖職者を育てるだけでなく、孤児や貧困家庭の子弟たちに教育や宿泊の機会を与える。中村医師は、アフガニスタンで「ストリート・チルドレン」が少ない理由は、こうしたイスラムの救済施設があるからだと考えていた。マドラサにはモスクが併設され、イスラムの集団礼拝である金曜礼拝の機会を与えて、地域コミュニティの結束をもたらす。

アフガニスタンの人々にとって「自由」とは、信仰心の篤さとともに、自らの伝統や文化に対する誇りである。マドラサやモスクが、タリバンの活動の温床になるという理由で爆撃され活動が制限されることに、アフガニスタンの人々は自由が抑圧されている

アフガニスタン・ヘラートの「金曜日のモスク」。2012年9月。

破壊されたアフガニスタンの学校。2002年7月。

と感じていたと中村医師は語っている。そして、こうした宗教施設の建設に支援の手を差し伸べてくれたのはサウジアラビアの他には日本しかなかったという現地の人の声を紹介し、日本に対する賞賛を喜んでいた。

アフガニスタンの人々の中には、モスクが造られたことで「これで自由になった」と語った人もいた。この言葉は、戦乱を経てイスラムの宗教活動を取り戻し、あたかも水を得た魚のように、精神世界を自由に生きられるようになった喜びを表している。

中村医師の活動は、心の平安や経済的平等を重視するイスラムの宗教的根幹を成す精神を重んじていて、それが現地の人々から広く受け入れられた背景になったことは疑いがない。中村医師は「援助する側の遅れた宗教、習慣を是正しようという思い上がった気分による援助が、アフガニスタンを苦しめてきた帝国主義的な動きのように見られ、攻撃の対象となってきた」とも語っていて、それとは真逆に中村医師は、アフガニスタンの宗教や生活の伝統、さらに現地の自然環境に敬意を払っていた。

『西日本新聞』に中村医師の「アフガンの地で　中村哲医師からの報告」という現地レポートが掲載されている。二〇一九年九月二日付のレポートは、「花を愛し、詩を吟ずる」と題するものだった。[*4]

中村医師が率いた国際NGO団体「ピース・ジャパン・メディカル・サービス（PMS）」は、アフガニスタン東部のガンベリ砂漠に用水路を築き、広大な農場をつくった。その農場の中には約四万平方キロメートルの記念公園があり、PMSの職員や作業員たちが持ち寄って植えたバラやジャスミン、ザクロなど、四季の花々が咲き乱れ、全国から訪問者が絶えなかった。その様子を中村医師は、「〈前略〉深い森が覆い、遠くで人里の音―子どもたちが群れ、牛が鳴き、羊飼いたちの声が、樹々（きぎ）を渡る風の音や鳥のさえずりに和して聞こえる」と表現した。

アフガニスタンでは、オレンジやザクロの花が咲く時期になると、伝統的な詩会が催されてきたが、PMSの記念公園の周辺にも約三万本のオレンジの木が植えられた。そして、大干ばつで途絶えていた「オレンジの詩会」が復活することも期待されていた。四季の移ろいは、アフガニスタンの人々の情感をも育んできた。農業の復活は、詩作など伝統的文化のそれでもあり、経済的な貧困は精神的な乏しさではないと中村医師は述べている。

イスラム神秘主義詩人・神学者のルーミー（一二〇七〜一二七三）は、愛と寛容に関する多くの詩作を残した。そのルーミー研究者であるアブドゥッラー・ローハン教授は、

「一九六〇年代、バルフ（アフガニスタン北部の都市）での人々の生活ぶりはよく、夏に食べ物を蓄え、冬にそれを食べた。手持ち無沙汰の冬には人々はモスクに集まり、ルーミーの詩を吟じた」と語っている。

現在、アフガニスタンの人々がルーミーを忘れるようになったのは、戦禍で、食料が十分ではなくなり、人々から愛や寛容の感情が希薄になったからだ。これは中村医師の主張にも通じる。人が十分に食べられなくなったことが、自然への敬意や配慮という人間生活の最も根幹とも言える意識を希薄にさせるのだ。

中村医師は、「日本の平和的なイメージが非常な好印象を、アフガニスタンの人たちに与えていることは事実です」とも語っていたが、花を愛でる習慣の復活を手助けしたことは、日本の平和的イメージをさらに高め、アフガニスタンの人々と水の確保といった課題を共有できる背景となったことは間違いない。

俳諧や詩歌などの世界で自然を愛でてきた日本人の伝統もアフガニスタンのそれに重なるところがあるが、日本人も産業化の過程の中で自然を尊重する心を希薄にさせてきたのではないかと、中村医師の活動は気づかせてくれているように思う。日本は高度経済成長の中で公害などの問題にも遭遇し、それを克服する技術や知識を身につけた。われわれはアフガニスタンに環境技術を伝えることができるが、環境そのものに対する心情や本質的な考えは、アフガニスタンの人々から学ぶことが多いに違いない。

## 現地との共生がムスリムに響いた

中村医師は、著書『アフガニスタンの診療所から』（ちくま文庫、二〇〇五年）で、以下のように述べている。

私たちにとっての『国際協力』とは決して一方的に何かをしてあげることではなく、人びとと『ともに生きる』ことであり、それをとおして人間と自らを問うものでもあります。

ほんとうは彼らが自分でやりたいが、今はやむをえず他人の力を借りなければならない状態であるからこそ、我われ外国人の存在を許していることを忘れてはいけない。

中村医師の「現地の人と共生する」という精神は、イスラム世界で日本人が評価されてきたものでもある。

現代イスラム研究センター理事の水谷周氏は、二〇一六年二月九日付のイラクの「アル・ザマン」紙に寄せられたマハムード・アルカイスィー教授（バグダード大学文学部長）の記事を紹介している。[*5]

その中でアルカイスィー教授は、「日本がどれほどアラブへの人道援助に励んできたか、日本人はどれほど誠心誠意の国民であるか、日本精神の真髄は、共生、協力、寛容、調和の四点にある」と書いたという。この言葉は、中村医師の国際協力の姿勢や活動の本質を言い表している。

共生の精神は、イスラムでも説かれる普遍的なものである。

二〇一七年五月一五日付『毎日新聞』朝刊の記事（執筆・久野華代記者）に以下のような日本人ムスリムの心情が紹介されている。

一九六〇年代の半ばにイスラム神学の最高峰ともいえるカイロのアズハル大学に留学した樋口美作氏は、当初エジプト人の時間感覚のルーズさや街が清潔でないことに失望した。しかしアズハル大学で学んでいくうちに、アラビア語をつきっきりで教えてくれるシリア人の学友など「友の痛みは自分の痛み」というイスラム教徒の同胞意識の強さやその親切なふるまいを意気に感じ、自分も「正直に、誠実に、忍耐強く」というイスラムの教えを実践する決意をしたという。

中村医師の活動がイスラムのアフガニスタンの人々に評価され、信頼を得た背景には、日本人にも、あるいはイスラムの人々にも深く染みついている「共生」の精神があったことは間違いない。そして、中村医師の共生の精神は、彼の地の人々に何が最も必要とされているかを気づかせることになった。

人が生きていくためには、水が切実に求められていて、その水が気候変動によって欠乏している。この現実に警鐘を鳴らしながら、中村医師は人々に水を供給するための事業を継続したのだ。

## 多くの人に惜しまれた中村哲医師の死

中村医師は二〇一九年一二月四日に、パキスタンの武装集団「パキスタン・タリバン運動TTP」に所属する男たちに銃撃されて亡くなった。

実行犯たちは中村医師を誘拐して金銭を得ることが目的だったものの、誤って殺害してしまったことが日本のメディアの調査報道で明らかになっている。[*6]

一二月一一日に行われた葬儀の中でバシール・モハバット駐日アフガニスタン大使は、「アフガニスタンの人々のために全力を尽くしてくださった先生の復興支援への献身と努力は言葉で言い尽くすことはできません。中村先生の名は英雄としてアフガニスタンの地に永遠に刻まれ、そして人々の心にいつまでも残ります。私のヒーローであり、エンジェルであります。私の心から中村先生が消えることはありません」と述べた。[*7]

二〇二二年一〇月一一日には、中村医師の功績を称える広場がアフガニスタン東部のジャララバードで完成し、記念式典が開かれた。

広場を建設したタリバンの関係者は「この地域に尽くしてくれた中村さんに、住民はとても感謝しています」と記念式典で挨拶した。[*8]

広場には中村医師の肖像画も掲げられ、その下には支援活動の業績とともに、中村医師の名前が大きく記されている。

偶像崇拝を禁止するタリバンは、二〇二一年の政権掌握後、カブール市内に描かれた中村医師の肖像画を白く塗りつぶしてしまった。しかし、そのタリバンがたった一年で主義主張を変えざるをえなくなった。これは、中村医師の功績がどれだけアフガニスタンの人々の心に残り続けているかの証であり、タリバンもその思いに応じざるを得なかったということだろう。

2012年9月、アフガニスタン・カンダハルで。アフガニスタンには気さくな人が多い。

2013年3月、アフガニスタン北部のマザリシャリフ近郊。人参を洗う人たち。

## 平和の実現は何によってなされるか

中村医師は常々、「故郷で家族と三度の食事がとれさえすれば戦はなくなる。これは私ではなくて、アフガニスタンの人々の言葉です。十人が十人、口をそろえて」と語っていた。

米国は戦争によってテロを抑制することを考えたが、中村医師は水や食料をアフガニスタンの人々に与えることによってテロの抑制や平和の実現を目指していった。戦争が継続する国では産業もなく、武装集団に入ることによって食や生活手段を得る人々が増える。しかし、中村医師は、武装集団に入ることなく、人々が自らの生活を律することができる支援を考え、実践していった。

米国ノートルダム大学の研究による「気候変動に脆い国ランキング」一八一カ国中、アフガニスタンは第八位だが、上位二五カ国のうち半数は紛争国となっている。

中村医師が観察した気候変動による干ばつに加えて、アフガニスタンでは長年の戦闘によって、耕作に従事できない土地が増加していった。国連によれば、アフガニスタンでは人口の三分の一が食料不足に直面している。

それに加えて、二〇二一年には干ばつによって四〇%の収穫が失われてしまったとWFP（国際連合世界食糧計画）は見積もった。

米国ブラウン大学の研究では、二〇〇一年のアフガニスタン紛争以降、米軍は一二億一二〇〇万トンの温室効果ガスを排出し、二〇一七年だけでも五九〇〇万トンの温室効果ガスを出した。それはスウェーデンやスイスの年間排出量を上回るものだった。

このように、戦争という営みには、食べるということと逆のベクトルが働いていることがわかる。それは、私たち日本人も先の大戦で経験したことである。食料よりも軍事最優先の結果、国民には満足な食が行き渡らなかった。

中村医師は日々の観察から気候変動に危機感をもち、中村医師によって築かれた用水路は、気候変動に対処する道をアフガニスタンの人々や世界に示すものでもあった。

＊1　『西日本新聞』二〇一八年九月三日
＊2　中村哲「アフガニスタンにおける水事情と灌漑の重要性」『ペシャワール会報一〇五号』
＊3　『ペシャワール会報九四号』

＊4　https://www.nishinippon.co.jp/item/n/539915/
＊5　「アラブ・イスラーム世界から見た日本の集団安全保障政策」（『集団的自衛権とイスラム・テロの報復』青灯社、二〇一五年）
＊6　『朝日新聞』二〇二一年六月八日の記事など
＊7　『西日本新聞』二〇一九年一二月一一日
＊8　『NHKニュース』二〇二二年一〇月一二日

# 第2章
# 対テロ戦争の失敗をもたらした環境問題

## 米国が撤退したアフガニスタンの混迷

タリバンが二〇二一年八月に政権を奪取後、アフガニスタンはいよいよ深刻な危機的状況に陥った。国連は二〇二二年に九七%のアフガニスタンの人々が貧困状態に陥ると見積もったが、幼い女児を結婚させたり、あるいは臓器を売ったりする大人たちも現れるようになった。また、ユニセフは五歳以下の子どものうちおよそ一〇〇万人が食料危機、水・衛生システムの欠如のために二〇二二年中に亡くなると予測した。

米国はアフガニスタンから撤退すると、アフガニスタンの海外資産を凍結してしまった。タリバンによって米国が支えていた体制が崩壊し、米国が軍事的に敗北する形で撤退することになったのがその理由だ。しかし、タリバンの武装闘争やそのイデオロギーと、アフガニスタン国民の健康とはまったく別次元の問題と言える。

タリバンの女性の人権に対する制限が問題になっているが、アフガニスタンは元々保守的伝統が強い国である。タリバン流の女性を保護する姿勢が、学校の場でも男女を峻別する方針をとらせているとも言え、タリバンは女子の教育環境が整うまでは女子教育を停止せざるを得ないと主張している。

前章で詳しく書いたように、中村哲医師はアフガニスタンの人々のために水や食料の確保に最も注意を払ったが、タリバン政権への制裁を続ける米国政府の措置によって、アフガニスタンの人々は食料や水もまったく十分に得られない状態にある。米国はアフガニスタンを爆撃して「自由や民主主義の国」に変えようとしたが、中村医師は前出した著書『ほんとうのアフガニスタン』の中で、「うちみたいにならんと助けない、というのはおかしい」と語っていた。

米国は水や気候変動などの問題をアフガニスタンと共通の課題として取り組み、アフガニスタンの人々に寄り添う支援を可能な限り迅速に行うべきだ。アフガニスタンは貧困、経済の衰退、不安定な統治の他に、二〇二二年まで三年連続の干ばつという問題にも直面した。干ばつに伴う水不足は食料不足、疾病、死者数の増加という問題をもたらし、冬の寒気もまた、人々の生活を厳しい状態に追い込む。

本章ではアフガニスタンの近現代史、タリバンの誕生や発展の歴史、また米国が支援した政権の腐敗などを紹介しつつ、中村医師らが体現した日本の「平和力」こそが、米軍撤退後のアフガニスタンに求められていることを明らかにしたい。

## 諸外国の思惑に翻弄され続けたアフガニスタンの近現代史

アフガニスタンの不安定は、アフガニスタンそれ自体が、この国をめぐる周辺の国際情勢の変化に対して、きわめて非力な対応しかできないことによる。アフガニスタンの近現代史からは、諸外国の思惑に翻弄され続けてきたこの国の姿が見えてくる。

アフガニスタンは、一九世紀末になると、イギリスとロシアという帝国主義勢力の関心の的となる。ロシアとアフガニスタンの接近を恐れたイギリスは、それを妨害しようとして、二度にわたってアフガニスタンに攻め込んだ。

イギリスによる最初のアフガニスタンへの侵攻は一八三八年から一八四二年の間に行われたが、一万五六〇〇人のイギリス軍はほぼ全滅した。一八七七年にイギリス女王が国王を兼ねるインド帝国が誕生すると、その翌年にイギリス軍は再びアフガニスタンに攻め入った。しかし、反英暴動が繰り返されたり、アフガニスタン駐在のイギリス代表が暗殺されたりすると、イギリスはまたも一八八〇年に撤退を余儀なくされる。その間、アフガニスタン国内では、一八三五年にドゥッラーニー朝が分裂し、分家ともいえるバーラクザーイー部族によるバーラクザーイー朝が一八三七年頃創始された。

イギリスは、アフガニスタン国王のアブドゥル・ラフマーン（在位一八八〇～一九〇一年）を支援して、ロシアの侵入を阻止し、アフガニスタンはイギリスとロシアの緩衝国家（両国が直接武力衝突しないために不介入を約束した国）となる。バーラクザーイー朝の王や部族の指導者たちはイギリスやロシアなどの外国の武器や資金で影響力を維持した。

第一次世界大戦でイギリスの国力が弱まったことに乗じて、一九一九年、アマヌッラー国王（在位一九一九～一九二九年）は政情不安定だったインドに攻め込んだ（第三次アフガン戦争）。そして、同年八月八日にラワルピンジー条約が結ばれ、アフガニスタンはイギリスの影響から離れて実質的な独立を勝ち取った。

しかし、この独立によってアフガニスタンは、イギリスからの経済援助と武器の提供を打ち切られ、一八九三年に双方の勢力範囲として確定された「デュランド・ライン」が国境として国際的に認められることになった。このデュランド・ラインは、当時はイギリス・インド帝国とアフガニスタンの国境だったが、現在はアフガニスタンとパキスタンの国境となっている。

アフガニスタンの安定がもたらされたのは、ナーディル・シャー（在位一九二九～一九三三年）を継いだザーヒル・シャー（在位一九三三～一九七三年）の時代になってからだ。その即位後の二〇年余りがアフガニスタンの「安定期」であり、彼の叔父にあたるシャー・マフムードの補佐の下に一九四九年、自由選挙が実施されるなど民主化の試みが推進された。

しかし、冷戦時代に入るとアフガニスタンは、ソビエト連邦と米国の友好国であるイラン、パキスタンに挟まれて、非同盟の不安定な外交を余儀なくされる。

そして、アフガニスタンの政治の重大な転換点となったのは、一九七三年。ザーヒル・シャーの王政が、その従兄弟のダウード・ハーンのクーデターによって打倒され、およそ一四〇年続いたバーラクザーイー朝の君主制が崩壊したことである。これ以後、パキスタン、イラン、インドなど周辺の国々、また米ソ超大国はアフガニスタンの様々な勢力に対して支援を行い始める。

一九七八年四月、親ソの「人民民主党（共産党）」のクーデターが発生（ムハンマド・タラキ政権の成立）、農地改革などアフガニスタンの伝統社会を無視した強引な共産主義的方策を断行する。

人民民主党政権の成立を受けてソ連の対アフガニスタン援助は飛躍的に増加していった。この革命政権に対するムジャヒディン（イスラムの聖なる戦士たち）による抵抗運動が一挙に発生したが、一九七九年九月、ハーフェズッラー・アミンがタラキ政権を打倒し、革命評議会議長に就任する。

アミンのソ連からの独立的傾向とムジャヒディン・ゲリラの活動に伴うソ連国境の不穏な情勢によって、一九七九年一二月、ソ連軍がアフガニスタンに侵攻。そしてアミン政権を打倒し、バブラク・カルマルを革命評議会議長（国家元首）に据えた。

ソ連軍の後押しをうける人民民主党政権に対するムジャヒディンの抵抗が、米国、サウジアラビア、パキスタン、中国、イランなどの支援を受けて展開されていった。このムジャヒディンによる執拗な抵抗はソ連軍を苦しめた。そして一九八八年、ゴルバチョフ書記長による「新思考」外交によってソ連軍はアフガニスタンからの撤退を決めた。

米国やパキスタンなどの支援は、様々なムジャヒディンのグループに対して行われたが、多様な民族構成とも相まって、アフガニスタンの社会をまとめ上げるような強力な指導者は現れなかった。

一九八九年二月、ソ連軍は完全撤退した。しかし、ムジャヒディン・ゲリラはソ連の支援を受けていた当時のナジブラ政権の打倒を訴え、戦闘を継続した。一九九二年四月一四日、アフガニスタン最大の空軍基地であるバグラム基地がムジャヒディンによって制圧された。これを見て同月一六日、ナジブラ大統領が国外逃亡を試みたが失敗し、ナジブラの失脚によってソ連が支えていた人民民主党政権は崩壊した。

暫定政権を経て、一九九二年一二月、ムジャヒディン・ゲリラの一派で、タジク人を主体とする「イスラム協会」のリーダーであるブルハヌッディーン・ラバニが大統領に就任した。しかし、ラバニ政権は安定せず、主にラバニ大統領派、またパシュトゥーン人を主体とし、グルブッディーン・ヘクマチアルが指導する「イスラム党」、さらに北部のウズベク人地帯を支配し、ナジブラ政権時代の軍人であるラシード・ドスタムが率いる「ジョンベシュ（運動）」など各派入り乱れて内戦が継続した。

こうしたアフガニスタンの混乱を収めようと、新たな勢力がにわかに台頭し、一気に軍事的に優勢になっていった。それが、一九九四年七月に誕生した「タリバン（学生たち）」だ。タリバンは、一九九六年九月に首都カブールを制圧するなど、瞬く間にアフガニスタンの大部分を統治するようになった。

また、タリバン誕生以前には、一九八八年にオサマ・ビンラディンが率いる「アルカイダ」が成立している。二〇〇一年九月一一日に米国ニューヨーク、ワシントンＤＣで同時多発テロが発生し、米国は翌一〇月に対テロ戦争を開始。アフガニスタンに軍事介入を行い、アルカイダの活動をアフガニスタン国内で容認するタリバン政権を打倒した。

それから二〇年間、米軍はアフガニスタンに駐留し、タリバンと戦った。しかし、二〇二一年八月一五日、タリバンがアフガニスタンの首都カブールに入り、アフガニスタン全土をほぼ制圧。二〇一四年からアフガニスタンの大統領を務めていたガニ大統領や副大統領、その側近たちがＵＡＥに逃亡し、米国が中心となって成立させた体制はもろくも崩壊した。

タリバンの本格的攻勢が伝えられてからわずか二週間、ガニ大統領が強力な抵抗を誓った翌日のことだった。

## タリバンとは何者か

米軍が二〇年もアフガニスタンに駐留しても制圧できず、時計を対テロ戦争開始当時に戻してしまったタリバンとは、いったいどんな組織なのか。

タリバンは、一九九〇年代に軍閥同士の衝突で混迷を深めていたアフガニスタンに秩序や平和をもたらそうとしてムッラー・ムハンマド・オマル(一九六〇~二〇一三年)を中心に成立した組織だ。軍閥たちは、アフガニスタンの各民族を基礎に武装集団をつくっていたが、タリバンはパシュトゥーン人を中心に成立した。パシュトゥーン人はアフガニスタンとパキスタンに住むインド・ヨーロッパ語族・イラン語派のパシュトゥー語を話す人々だ。

一九八九年二月にソ連軍がアフガニスタンから撤退すると、一九九〇年代はソ連軍と戦っていたムジャヒディン同士の戦いになり、内戦は五年以上の長きにわたった。そんな混迷のアフガニスタンで、新たな勢力がにわかに台頭し、一気にアフガン政治が軍事優勢になっていく。それが、一九九四年七月に誕生したタリバンだった。

このタリバンは、パキスタンのアフガニスタン難民キャンプで育ち、スンニ派の神学校で学んだ若い世代を中心とする組織だった。

一九九六年九月にタリバンはカブールを制圧し、北部の一部地域を除くアフガニスタンのほぼ全土の支配を確立した。アフガニスタン人は対ソ戦争やムジャヒディン同士の内戦で疲弊していたため、規律や秩序の確立を唱えるタリバンの訴えには傾聴すべきところが多々あった。

また、タリバンへの支持が急速に広がっていった理由のひとつに、「長老」たちのタリバンへの理解がある。

アフガニスタンの社会では、長老たちは伝統的に影響力をもっている。日本の戦国時代に存在した「在地領主」とアフガニスタンの「長老」を重ね合わせれば、アフガニスタン社会の構造も理解しやすいかもしれない。

長老が日本の在地領主のように、直接農民を支配し、タリバンは長老を介して住民たちを統治する。支持する長老たちを増やすことによって、タリバンは支配地域を拡大していった。

一九九六年から二〇〇一年までのタリバン政権時代、タリバンは、テレビや音楽、インターネットや衛星放送用のアンテナを禁止し、女性の隔離や女性のベール着用を強制、またイスラム的行動を遵守させるために宗教警察を設置していった。それらは厳格なイスラム主義を奉ずるサウジアラビアの影響を受け[*1]、サウジアラビアの施策そっくりのものだった。

タリバンとアルカイダ、ＩＳ（「イスラム国」）は欧米などで「ワッハービー」、あるいは「サラフィー主義[*2]」などと形容され、厳格なイスラム主義を標榜する。そうした厳格なイスラム主義の理想を、タリバンはアフガニスタン国内で、アルカイダは欧米の影響力をイスラム世界から排除することで、またＩＳは実際にイスラム国家（「カリフ国家」とも呼ばれる）を創設することで実現しようとする。同じ理念、また武力という手段で共通項があるものの、その主たる目標はこのように異なっている。

タリバンは、二〇〇一年の九・一一同時多発テロを起こしたアルカイダを匿ったという理由で米国などからの攻撃を受け、その政権は崩壊したが、タリバンの姿勢は庇護を求める者には避難の場所を与えるというイスラムの教えに基づいている。これと同様な考えで、ＩＳにも活動の場をアフガニスタン国内に与えていけば、アフガニスタンが国際テロの拠点となる可能性は十分考えられる。

実際、アフガニスタンでは二〇二二年九月末にカブールの学習塾を狙った自爆テロが発生し、国連によれば五三人が死亡した。ＩＳが犯行声明を出したが、塾はＩＳが敵視するシーア派のハザラ人が多く住むカブールの地域だった。

## 欧米の価値観がすべてではない

米国は自由と民主主義をアフガニスタンに根付かせると言って戦争を行ったが、慣習法の伝統が根強いところに、いきなり自由とか、民主主義をと言われても人々は馴染むことができない。

一九九〇年代、タリバンは治安維持と、慣習法の徹底を約束して、軍閥同士の内戦で治安を喪失していたアフガニスタンの治安回復をもたらした。二一年八月の政権奪取も、長老たちの広範な支持がなければ実現できなかっただろう。

中村医師は『西日本新聞』の連載[*3]の中で、「ブルカ着用をはじめとする女性政策はタリバンの発明ではなく、タリバンは保守的な農村の慣習法と都市の貧困層の生活習慣を社会全体に適用しようとしていた」と語っている。また、一九七八年に人民民主党政権時代に強制されようとした女性のブルカ廃止と識字教育に対して農村の女性たちが激しい抗議活動を展開したことを紹介し、「こうした農村社会や都市貧困層の生活が知られないと、不公平である」と述べている。[*4]

二〇二二年二月一九日には、NHKのテレビニュースで「タリバン復権半年 女子教育再開せず 国際社会批判強める」と報道された。このニュースの中で紹介されていた女性たちは、欧米流の教育を受け、経済的にも比較的豊かにくらしていた人々に見え、アフガニスタンの多数派の女性たちの考えを反映しているとは思えなかった。また、同じニュースでインタビューを受けていたのは、教育のある女性たちで、こういう女性たちはアフガニスタン社会全体から見ればごく少数だ。アフガニスタンの農村社会を見て回れば、チャードル（顔だけ出して全身を覆うもの）やブルカを着用する女性のほうが圧倒的に多い。地方社会に行くと、女性の姿を見ることはほとんどない。

アニメーション映画『ブレッドウィナー(原題：The Breadwinner)』（二〇一七年）は、二〇〇一年の同時多発テロ直後のアフガニスタンで露天商として生きる少女を描いたものだが、アイルランド人のノラ・トゥーミー監督は、「タリバンがアフガン人に歓迎されたとしたら、彼らが政権に就くまでにアフガン人が耐えた痛みや苦しみについて考えなければならない」と述べている。[*5] ならば、米国など現在のアフガニスタンの混迷に責任をもつ国は、タリバンが二〇二一年八月に政権に復帰した時に、少なからぬ国民になぜ支持されたのかを知らなければならないだろう。

米国がつくった政府は腐敗、汚職などの失政で評判が悪く、また米国も空爆などでアフガニスタン人の犠牲を多くもたらした。また、アフガニスタンの降雪量が減るなどといった、気候変動による環境悪化をもたらしたのは、アフガニスタンの人々ではなく、欧米など先進工業国の二酸化炭素の排出が原因となっている。産業発展を重視するという欧米の価値観もまた、アフガニスタンの人々の生活を阻害する一つの要因になっていることを自覚すべきだ。

前述のトゥーミー監督も「イスラムは女性を差別するという論法はヨーロッパ社会を分断し、極右の台頭を招く」と語っている。さらに「紛争などで社会が壊れる際にはどこでも、女性や子どもたちがまず苦しむ」とも語っている。*5

イスラム世界では、女性だけしか活動できない分野で女性の社会的進出も進んでいる。日本人や日本社会に求められるのは、欧米からの情報に偏らない公平な見方である。

アフガニスタン南部・カンダハルの女子生徒たち。2012年9月。

## タリバン再支配の背景となった「腐敗」

米国のバイデン大統領は、二〇二一年八月一七日朝の演説で「米軍はアフガニスタン軍が戦う意思がない戦争で戦うべきではないし、死ぬべきでない」と語った。ならば、アフガニスタンの人々は対テロ戦争など当初から戦う意思などなく、米軍はハナからアフガニスタンにやって来て戦う必要などなかったということになる。

アフガニスタン政府や軍を腐敗させた重大な責任が米国にあることはまぎれもない。米国は莫大な資金をアフガニスタンに注ぎ込んだが、その資金の流れは厳格に監査される必要があった。

SIGAR（アフガニスタン復興担当特別監察官）によれば、米国がアフガニスタンに投資した額は九四六〇億ドルで、そのうちの八一六〇億ドル、八六％が軍事作戦に用いられた。米国がアフガニスタンに費やした予算のうちわずかに二％しか、インフラや社会・経済発展などでアフガニスタン国民に寄与しなかった。

ガニ元大統領は腐敗の根絶を公約としながらも、彼をはじめとするアフガニスタンの政府高官たちにも腐敗に取り組む姿勢がほとんどまったく見られなかった。腐敗こそアフガニスタンの人々を政府から遠ざける要因となった。

たとえば、駐英大使を務めたアフマド・ワリー・マスード（一九六四年生まれ）は、アフガニスタンで対ソ戦争の英雄とされるアフマド・シャー・マスードの長男であり、タジク人の「マスード財団」の理事長となった。二〇〇九年一〇月には彼の弟のアフマド・ズィヤー・マスードが五二〇〇万ドル（五五億円ぐらい）の現金をもってUAEに入り、兄のためにドバイの高級コンドミニアムを購入した。

また、二〇二一年八月にタリバンが政権奪取すると、モハマド・ザイール・アグバー在タジキスタン・アフガニスタン大使（当時）は、ガニ大統領が一億六九〇〇万ドルを国庫から着服し、国家を裏切ったと強く非難した。

その種の話はアフガニスタン政府では絶えなかったが、政府高官たちはすでにその当時から、米軍撤退後の国外逃亡を考えていたと見られている。

また、米国が、学校や裁判所の建設のために資金援助をしても、実際に運営されることはなく、建設資金を政府高官たちが着服するということもしばしばあった。実際に監査に出かけようとしても治安上の理由から監査できないという問題もあった。

米国は一グループがおよそ六〇人から九〇人の軍人、文民によって構成される「地方再建チーム（ＰＲＴ）」を地方に派遣したが、その派遣先は親政府勢力の影響力が強いところばかりで、タリバンの活動が活発なところに送られることはなかった。ＰＲＴによるアフガニスタン復興は、欧米諸国の善意を示すというプロパガンダ的性格をもち、また親欧米勢力ばかりをえこひいきするというネポティズム（縁故主義）も、タリバン復活の一要因となった。ガニ元大統領をはじめ政府高官たちがタリバンの攻勢を前にして真っ先に逃亡したのも、あらかじめ想定していたシナリオだった。

## 武器では守られない子どもたちの未来

タリバンのカブール制圧に際して、アフガニスタンに駐留していた米軍にタリバンと戦う姿勢は微塵も見られなかった。これでは、二〇〇一年の対テロ戦争開始当初から米国には、タリバンの「圧政」からアフガニスタンの人々を助ける意図など毛頭なかったと言われても仕方ない。

アフガニスタンの妊産婦死亡率、つまり妊産婦一〇万人中の死亡数は二〇一七年時点で六三八人と高く、[*6] WHOによると二〇一九年の平均寿命は六三・二歳で世界一六〇位だった。アフガニスタンは「セーブ・ザ・チルドレン」による「子ども時代が守られている国ランキング」(二〇二一年)[*7] で一八六カ国中一六六位と著しく低い。

「子ども時代が守られている国ランキング」とは耳慣れない、日本語としてもしっくりこない表現だが、「セーブ・ザ・チルドレン」によれば、「①五歳未満児の死亡率、②発育阻害の子どもの割合、③学校に通っていない子どもの割合、④児童労働に従事する子どもの割合、⑤結婚している少女の割合、⑥少女の出産率、⑦紛争により家を追われた子どもの割合、⑧子どもの殺人被害率、の八つの指標をもとに、一八六カ国を対象に作成したもの」だという。

アフガニスタンでは、米国の二〇年間の戦争で犠牲になった数は米国ブラウン大学の研究によれば五万人、「セーブ・ザ・チルドレン」は三万三〇〇〇人の子どもたちが亡くなったと見積もっている。

アフガニスタンは米軍撤退やタリバン政権復活による混乱で医療状態が十分ではなく、医薬品の欠如や貧困で十分な医療を受けられないために、栄養不良や肺炎で亡くなる子どもたちがますます増加することが指摘されている。

状況は一一年間の紛争が続くシリアでも同様で、ユニセフによれば、二〇二一年だけでもシリアでは九〇〇人の子どもたちが死傷し、一一年間の子どもの犠牲者は一万三〇〇〇人と見積もられている。*8 地中に埋められた地雷、また不発弾に触れて亡くなったり、負傷したりする子どもたちも後を絶たない。

一方で、米国の国防総省から議会に提出された報告書（二〇二二年三月付）によれば、二〇〇五年から二〇二一年八月にかけて米国がアフガニスタン政府に移転した七〇億ドル（約九〇〇〇億円）相当の武器が、アフガニスタンに残されたという。残された武器には航空機、空対地弾、軍用車両、通信機器などが含まれる。こうした武器を手に入れたがる武装勢力も後を絶たないだろう。

また「ギネス・ワールド・レコーズ」によれば、米国は一九七九年にソ連軍がアフガニスタンに侵攻すると、「サイクロン作戦」を実行し、ソ連軍に抵抗するアフガニスタンのムジャヒディンに対してスティンガー・ミサイルなど二〇億ドル以上にも及ぶ武器を供与した。

一九八九年二月にソ連軍がアフガニスタンから撤退しても、米国がムジャヒディンに提供した武器は一九九〇年代のアフガニスタンの内戦で用いられた。実際に、ムジャヒディンの指導者グルブッディーン・ヘクマティヤール（一九四九年生まれ）は、米国が供給した火砲などでカブールを攻撃し、二〇〇〇人が犠牲になり、カブール市街は廃墟となった。

ちなみに、ヘクマティヤールは米国同時多発テロの実行犯とされるオサマ・ビンラディンと親密な関係にあった。前述したように、ヘクマティヤールは一九八〇年代は米国から武器・弾薬を受け取り、使用したものの、次第にイスラム世界に軍事介入を行う米国を嫌うようになり、米国と敵対的な関係になっていった。

## アフガニスタン難民と教皇の祈り

二〇二一年九月五日、フランシスコ教皇はサン・ピエトロ広場で行った日曜の定例祝福で「多くの国がアフガニスタン難民を受け入れ、新たな生活を求める人々を保護するよう祈っている」と述べた。教皇は難民・移民の権利を擁護することを常々訴えてきたが、「国内避難民たちが必要な保護を受けることも祈り、若いアフガン人たちが教育を受けることは人類の発展のために不可欠な善である」とも語った。

UNOCHA（国連人道問題調整事務所）によれば、タリバンと政府軍の戦闘で、二〇二一年七月だけでも国内避難民の数は前月比で二〇万六九六七人増えた。当時、国内避難民の数は五七万人余りと見積もられたが、そのうちの八〇％が女性と子どもだった。

過去を遡ると、ソ連軍が撤退した後の一九九〇年代、アフガニスタンは国際社会から完全に「忘れられた国」だった。当時、内戦の調停や経済支援などの国際社会の動きは、ほとんど見られなかった。

国連難民高等弁務官であった緒方貞子さんは、著書『私の仕事　国連難民高等弁務官の10年と平和の構築』（朝日文庫、二〇一七年）の中で、「忘れられた国」となっていたアフガニスタンの難民支援について書いている。

緒方さんは二〇〇〇年秋に、アフガニスタン難民の救援策を検討するために、パキスタン、イラン、アフガニスタンの難民キャンプを訪れた。当時は国際社会の支援は減り、アフガニスタンは深刻な干ばつに見舞われていた。それでも難民の中にはアフガニスタンへの帰還を望む人々がいた。しかし、イスラム原理主義の方策をとるタリバンが支配するアフガニスタンに難民を帰還させることに対して、国際社会からは冷めた反応しか得られなかったという。緒方さんは、「限界はあるものの唯一の解決策は、（アフガニスタンの中の）安全な地域を探りあて、タリバン政権のなかの穏健で現実的な指導層と交渉することだ」と考えたという。しかし、国際社会がアフガニスタンに関心をもたなかったことは、大きな心の傷となって残ったと回想している。

タリバン政権が復活し、米軍が撤退した二〇二一年以降のアフガニスタンの事情は、緒方さんが深刻な危機への警鐘を鳴らしていた一九九〇年代から米国同時多発テロが起こる二〇〇一年にかけての時期に酷似している。このまま国際社会の関心が急速に低下するようだと、アフガニスタンが再び一九九〇年代のような軍閥同士の内戦、混乱に陥る懸念がある。

ＵＮＨＣＲ（国連難民高等弁務官事務所）のアフガニスタン事務所長のキャロライン・ヴァン・ブレン氏は「国際社会がアフガニスタンに無関心になることを望まない」と語った。ブレン氏によれば、タリバンはＵＮＨＣＲの活動が継続することを望み、必要な安全を確保することを約束しているということだった。

政治的な対立はともかく、アフガニスタンの人々を扶助する姿勢がいまほど国際社会に求められている時はない。

## 高く評価された日本の「平和力」

米国のアフガニスタンにおける二〇年間の戦争は、ほとんど何の成果ももたらさなかった。

他方、長年にわたってアフガニスタンの人々の自立支援を行った中村医師やＪＩＣＡ（国際協力機構）の活動は、日本がアフガニスタンへ軍事的に関与しなかったことと合わせて、日本の「平和力」として高く評価されることになったことは間違いない。

中村医師が築いた用水路は、福岡市の面積のほぼ半分となる一万六五〇〇ヘクタールに水を与え、砂漠を緑地に変えた。この用水路の恩恵を受ける農民は六五万人とも見積もられる。

中村医師は、アフガニスタンで穀倉地帯を広げるのではなく、広がるのを助けたいと語っていた。アフガニスタン人の自助努力を支援するスタンスこそ必要で、日本の技術を教え、伝えるのはまさにその理念通りのことだ。現地の人々の自助努力を重んじるところは、武器・弾丸で「民主主義」を押しつけようとした米国の対テロ戦争とは対極にあるものだろう。

また、中村医師は「タリバンが天下を取ろうが反タリバン政権になろうが、それはアフガニスタンの内政問題なんですね。そのスタンスさえ崩さなければ、我々を攻撃する連中なんかいませんよ。それどころか、政府、反政府どちらの勢力も、我々を守ってくれるわけです」と述べているが、まさにその通りである。過去を遡ればアフガニスタンでは、米国もそうだが、イギリス、ソ連による外国の干渉によって、いっそうの社会的・政治的不安定がもたらされてきた。

JICAは、アフガニスタンの治安状況がなかなか改善されない中、長年現地で活動し、現地の事情に精通する中村医師のNGO団体「ピース・ジャパン・メディカル・サービス（PMS）」の活動を貴重なものと考え、それとの連携を図るようになった。アフガニスタンの農民たちが工事を行い、灌漑設備の維持や管理をすることは、帰還難民や社会復帰した兵士の雇用拡大にも役立つことになる。灌漑された土地では年に二回の耕作が可能になるなど農民たちの生活改善にもつながった。

二〇一八年にスイスのジュネーブで開催されたアフガニスタン支援閣僚級会合には、六〇カ国以上が参加した。アフガニスタンのムハンマド・フマユーン・カユーミー財務相は、「援助機関のプロジェクトは国外で主導されるものが大半で、プロジェクトが終了すると、持続しないものが多くあり、その意味でも現地の人々を動員し、現地の素材で蛇籠をつくるPMSの活動は非常に有意義である」と語った。

同じ会合に出席したJICAの山田純一理事も、アフガニスタンの干ばつ対応能力の強化を目指した長期的な開発が重要だと述べたが、JICAは中村医師が活動していたナンガハール県で、稲作農業改善プロジェクトを実施し、それを他の八県にも拡大していった。JICAは、中村医師と同様にアフガニスタンでの農業開発を重視し、アフガニスタンから日本の大学に研修生を受け入れ、農業経済や稲作技術を伝える支援を行ってきた。

中村医師は、筆者に「欧米のNGOは話題性のあるところに集中し、話題がなくなると容易に撤退してしまうのです」と語っていたが、日本のアフガニスタンへの支援は安全を考慮しながら継続し、日本の「平和力」をいっそう訴えるものであってほしいと願わざるを得ない。

*1 サウジアラビアはワッハーブ派というイスラムの原点回帰志向の厳格な教義を奉ずる。
*2 ムハンマドやその教友たちが生きた時代の状況（サラフ）に回帰することを目指す。
*3 「新ガリバー旅行記」。二〇〇〇年七月から八月に『西日本新聞』朝刊に掲載された中村哲医師の寄稿連載随筆。
*4 https://www.nishinippon.co.jp/item/n/655832/
*5 トゥーミー監督の発言は「The Asahi Shimbun GLOBE」二〇一九年一一月二三日より
*6 Afghanistan - Maternal mortality ratio (modeled estimate),WORLD DATA ATLAS,2017
*7 Save the Children,“Stolen Childhoods”
*8 https://www.unicef.or.jp/news/2022/0062.html

# 第3章

# 世界の環境を破壊する戦争

## なぜ、人間社会は戦争をしてはいけないのか

戦争は重大な環境汚染を引き起こし、人間の健康を蝕むことに疑いはない。

世界では忘れられた感もあるが、一九八〇年代から続くソマリア内戦では、国際社会はソマリア沖の海賊の出没に手を焼いた。海賊が出現した背景には、内戦状態のソマリアの混乱に乗じてソマリア沖に有害物質を垂れ流し、ソマリアの漁業資源を台無しにする外国企業の活動があった。外国船の違法操業、海洋汚染などで漁獲高が減ったことも、ソマリアの漁民たちが海賊活動を行う重要な背景となってきた。

第二次世界大戦で広島に投下された核兵器は、深刻な環境汚染をもたらした。井伏鱒二の作品『黒い雨』は、一九四五年八月六日、瀬戸内海の小舟に乗っていた主人公の高丸矢須子が、原爆投下後に降った黒い雨で放射能に汚染され、原爆症に苦しむ姿を描く。入浴して髪を梳かすと、毛髪が抜け落ちることなどが衝撃的で、戦後も縁談を断られるなど、被爆者の女性としての苦悩も描かれる。

核兵器の実験も重大な環境汚染だった。ビキニ環礁の水爆実験で第五福竜丸の乗組員

として被爆した大石又七さん（一九三四〜二〇二一年）は、被爆被害を生涯にわたって訴え続け、七〇〇回あまりの講演を行った。水爆「ブラボー」（なんとも皮肉な名前だが）の実験によって被爆した直後から、第五福竜丸の乗組員たちの毛髪が抜け始め、その後、被爆が原因と思われるがんで元乗組員たちは次々と亡くなっていった。「まるで切腹を待つ武士のようだね」という元乗組員の言葉に接した大石さんは、「何も悪いことをしていないのに切腹はないでしょう」と思ったという。その大石さん自身も五九歳で肝臓がんになり、その後も肺の腫瘍を患うなど、核実験による障害と闘い続けた。

イラク人医師のリカー・アルカザイルさん（一九六九年生まれ）は、イラクの子どもたちを助ける仕事がしたくて医師になった。彼女は長野県松本市にある信州大学医学部付属病院で、小児急性白血病患者に対する化学療法の研究を行っている。イラクでは米軍などが使用した劣化ウラン弾によって、白血病、がん、生まれながらに重大な障害をもつ子どもたちが増え、そしてイラクから帰還した米兵の子どもたちにも、そういった病気や障害が現れるようになった。アルカザイルさんはいったんイラクに帰国したものの、現在は再び日本に戻り、小児がんの研究を行っている。

戦争は砲撃、爆撃などによって農地を破壊し、世界各地で食料不足をもたらす。この章では、戦争という現象がいかに環境を破壊し人間の健康を蝕むものかを、歴史や事例から紐解いていく。そして、環境を阻害するイスラエルのパレスチナ占領に反対する人々の声なども紹介しながら、人間社会は戦争を避けるべきことを、人権という観点からも明らかにしたいと思う。

## 戦争は未来に大きな爪痕を残す

二〇二二年二月に始まったロシアのウクライナ侵攻では、ロシア軍が原発を攻撃したり、ロシアの空爆や砲撃にさらされた街から黒煙が上がったりする様子が連日報道されており、重大な環境問題を引き起こしていることが容易にうかがえる。

戦争は、大気、水、土壌を汚染し、野生動物の生態系を脅かし、爆発、火災、建物の崩壊によって有毒ガスや鉛やカドミウムなどが空気や飲料水に混入し、粒子状物質の拡散は人体の健康に否定的影響を及ぼす。汚染物質は風下や河川の下流に運ばれるために、ウクライナでの環境汚染は国境を越えて広がる可能性がある。

ロシアの攻撃はウクライナ東部のドンバス地域に重点的に行われてきたが、国連によれば、環境保護区の五三万ヘクタールが被害を受け、「生態学的大惨事」とも形容される事態となった。

繰り返すが、戦争は深刻な環境破壊をもたらす。記憶にあるところでは一九九一年の湾岸戦争で、イラクの兵士たちがクウェートの油井に火を放って数カ月間燃え続けたことがあった。黒煙や炎が空を覆いつくしたり、流出した原油で油まみれになった鳥の姿がセンセーショナルに報じられたりして、国際社会に大きな衝撃を与えた。その二酸化炭素の排出量は、当時のカナダの年間のそれに匹敵するとも見積もられ、クウェートの油井が燃えた煤は遠くチベットの氷河にまで到達した。

この湾岸戦争では、米国はイラクに対して劣化ウラン弾を含む三四〇トンのミサイルを撃ち込んだ。劣化ウラン弾はイラクの土壌や水資源を汚染し、小児がんなどの要因になっていることが確実視されている。劣化ウラン弾が最も使用された南部の都市バスラでは小児がんの発症率がイラクで最も高い。

また、下水道システムなどを含むイラクのインフラが湾岸戦争やイラク戦争によって破壊された。湾岸戦争で下水道が破壊されると、汚水が道路や河川に流出し、しみ込んだりした。湾岸戦争後のイラクに対する経済制裁によって、イラクは社会経済インフラの復興が十分にできないままイラク戦争を迎え、さらに復旧が困難になった。先述したバスラでは、塩分を含んだ水道水で疾病に罹る人が少なくない。

紛争によって大量に流出する難民たちも、環境破壊の要因になることがある。一九九〇年代のルワンダ内戦中に、ヴィルンガ国立公園に設けられた難民キャンプには七五万人が住んでいた。ヴィルンガ国立公園は、コンゴ民主共和国の、ルワンダやウガンダとの国境に近いところに位置する公園だ。難民キャンプでは、避難用の家屋の設営や、調理用の火を焚き、また木炭を売るために、約一〇〇〇トンの木材が二年間にわたって毎日伐採された。一〇五平方キロメートルの森林が影響を受け、三五平方キロメートルの森林が丸裸になった。

ヴィルンガ国立公園は、その景観の美しさは世界でも群を抜くと言われ、カバやマウンテンゴリラが生息する公園だが、一九九四年に危機遺産登録された。この地域への兵器の流入は、野生動物の密漁を促すことにもなり、二万五〇〇〇頭以上いたカバも一万頭が殺害されたと見られている。

アフガニスタンでは、戦乱による貧困や環境意識の欠如から森林の管理がおろそかになった。アフガニスタン東部では、木材は不法ビジネスで隣国のパキスタンに売却されていった。こうした不法ビジネスにはアフガニスタンの地方官吏や軍関係者たちも関与していた。

対ソ戦争中、森林はムジャヒディンの隠れ場所となり、ソ連軍は森林を破壊し、ムジャヒディンの掃討作戦を行った。『アルジャジーラ』（二〇一九年七月四日）によれば、対ソ戦争があった一九八〇年代から二〇一三年までの間にアフガニスタンの森林は半分が消失した。

二〇一七年に、タリバンは一本以上の樹木を植林することはイスラムの義務であるという考えを明らかにしたものの、タリバン政権復活後の混乱からどこまで森林の復活が実現したかは不透明だ。

## ウクライナがロシア支配を嫌う背景

二〇二二年のロシアによるウクライナ侵攻は、ナショナリズムによるヨーロッパの領土の奪い合いの歴史の中で生まれたものとも言える。ウクライナの人々がロシアの勢力圏に入りたがらないのは、過去においてソ連、あるいはロシア帝国主義が東欧の人々の自由への希求を力で奪ったという歴史的要因が強い。

一九一七年のロシア革命後、ロシアは中央同盟諸国と早期講和を行い、領土的譲歩を重ねていった。ロシアはポーランドの領土主権、バルト三国、フィンランド、ウクライナ、ベラルーシから撤退してこれらの国の独立を認めたが、ロシア軍がこれらの国から撤退すると、ドイツ軍が駐留することになった。

一九一八年に第一次世界大戦でドイツ軍が敗戦すると、ウクライナの民族主義に訴えるジャーナリストのシモン・ペトリューラ（一八七九〜一九二六年）が指導するウクライナ軍は一九一八年一二月にキエフ（現・キーウ）を掌握したが、キエフは一九一九年二月に赤軍によって再占領された。キエフは一九一九年八月の一カ月にも満たない間、また一九二〇年五月から六月にかけてペトリューラのウクライナ軍に制圧されるなど、キエフに対する支配は、ウクライナとロシアの間で目まぐるしく変わったが、一九二〇年六月に赤軍がウクライナを再占領すると、一九二二年一二月にウクライナ・ソヴィエト社会主義共和国は、ロシア、ベラルーシとともにソ連邦を形成することになった。

レーニンはウクライナ語にロシア語と同等の地位を与えるなど、ウクライナの民族アイデンティティを尊重したが、スターリンはソ連の強烈な中央集権化政策を追求し、ウクライナ人民共和国を支持していた知識人たちを抑圧し裁判にかけ、またウクライナ語の使用も制限するようになった。

ウクライナの人々がロシア支配を嫌うのは、このスターリン時代の一九三二年から三三年に発生した大飢饉、「ホロドモール」の記憶にもよる。この飢饉では、最低でも三〇〇万人のウクライナ人が餓死したと見られている。スターリンのソ連中央政府はウクライナ人たちの食料を強制的に徴発し、種子や家畜、農地を奪っていった。

ウクライナはソ連の中の社会主義共和国として、その歴史、言語などの民族性を意識しながら発展し、ロシアとの距離は大きくなっていった。さらに、ウクライナは冷戦の終焉後、欧米に接近する姿勢を見せ、イラク戦争でも多国籍軍の占領統治に参加した。特に、米国との親密な関係はバイデン大統領の息子ハンター・バイデンがウクライナの天然ガス会社の取締役を務めていたことからもうかがえる。

ロシアのウクライナ侵攻は、EU、あるいはNATOに入ろうとするウクライナの主権、人々の意思を武力で踏みにじった。プーチン大統領のロシアはウクライナを軍事的に制圧し、ロシアとウクライナの一体性を強く訴えているが、ウクライナの人々の民族的希求を武力で封じることは到底できない。

## ウクライナ侵攻で再認識された環境危機

ロシアのウクライナ侵攻を契機に、化石燃料への依存を減らさなければならないという認識が広がった。ドイツなど、ロシアの化石燃料に依存していた国では、ロシアへの依存だけでなく、石油そのものから脱することが真剣に検討されるようになっている。ロシアが石油輸出によって得た資金がウクライナへの侵攻のように軍事費に用いられるのは、ヨーロッパなど国際社会の平和や安全の構築という観点からもまったく適切ではない。

さらに、この侵攻を契機に生じたウクライナとロシアの小麦輸出の停滞により、食料や生態系などをめぐる気候変動の深刻ぶりや、それへの対応が切実に求められていると国際社会は気づかされることになった。

地球環境問題はいよいよ深刻になり、インド北部では熱波によって小麦の生育が阻害され、世界の食料危機にいっそうの拍車をかけるようになった。

インドは世界で二番目の小麦生産国で、輸出量は少ないものの、小麦は一四億人近いインドの人口にとって不可欠なもので、インドが小麦輸入に転ずれば、世界の食料事情はさらに逼迫することになる。

インドでは二二年三月は記録的な暑さとなり、月平均気温は実に三三・一度だった。この熱波の背景にあるのは気候変動で、インドの熱波は翌四月になってもおさまる気配がなく、四月の平均気温は一二二年の観測史上最高となり、北西部で三五・九度、中部で三七・七八度だった。

同様に二一年六月にブリティッシュ・コロンビア州で四九・六度を記録したカナダでは、女王蜂、オスのミツバチが大量に死んだ。オスのミツバチは四二度の気温の中で六時間を経過すると五〇％が死ぬという。気候変動が昆虫の生態系にも影響を及ぼし、多くの陸生種が衰退するようになっている。[*1]

世界の気温は、長期的には一〇〇年あたり〇・七三度の割合で上昇しているが、[*2]それに応じて農地が減少すると見られ、農林水産省によれば仮に気温が四度上昇すると農業生産が一五～三五％減少すると見られている。アフリカ、中南米では干ばつや洪水などに起因する食料不足や栄養失調に苦しんでいる。

ウクライナの燃料貯蔵所や製油所を標的にするロシアの攻撃は、大規模な火災と、煤、メタン、二酸化炭素などの汚染物質を放出することになり、地球温暖化の一因とならざるを得ない。

## パン価格の上昇と中東の社会不安

ロシアのウクライナ侵攻で、中東ではパンの価格が上昇した。ウクライナはロシアとともに世界の小麦輸出の三分の一を形成するが、小麦の輸出を禁止した。世界の小麦価格は侵攻が始まってから五〇%以上も上がった。

エジプトは二〇一一年の「アラブの春」で政治の大変動があった国だが、その引き金となったのはパンなど食料価格の上昇だった。エジプトの食料事情はウクライナでの戦争で最も深刻な影響を被ると言われている。エジプトの小麦輸入の八五%はウクライナとロシアからのものだったためだ。

エジプトは世界最大の小麦の輸入国で、国民が摂取する総カロリーの半分以上は小麦から摂られると見積もられている。四月、五月ぐらいに国内で生産される小麦を政府が補助金で購入し、パン価格の上昇を抑えているが、国内生産の小麦が消費され尽くされた後に、ロシアによるウクライナへの侵攻の影響が現れることが指摘された。戦争が長期化すれば、その影響がさらに深刻になることは明らかだ。エジプトでは国民の三割が貧困ラインより下の生活を余儀なくされており、食料事情の逼迫は貧困層の生活を直撃する。

スモッグでかすむエジプト・カイロの街。

アルジェリアでは、一九八八年にパンの価格が上昇したことが、イスラム主義政党「FIS（イスラム救国戦線）」の台頭をもたらすことになった。パン価格の上昇によって国民の政府への不満が高まり、政府批判を繰り返しイスラムの公正、平等に訴えるイスラム政党への支持とつながったのである。

そして軍・警察のFISなどイスラム主義勢力への弾圧が、一九九〇年代の「イスラム武装集団GIA（武装イスラム集団：Groupe Islamique Armé）」の台頭となり、軍・警察との内戦で一〇万人もの人々が犠牲になった。

ロシアによるウクライナへの侵攻がパン価格に影響を及ぼすのは、エジプトだけではない。この侵攻によって世界の食料システムが破壊され、多くの地域で飢餓をもたらすと国連のグテーレス事務総長も指摘した。特に中東諸国に対する影響は最も深刻で、石油収入があり経済的には豊かだが、小麦など食料を自給できないペルシア湾岸のアラブ諸国でも、パン価格上昇の影響を被ると見られている。

二〇一一年のアラブの春は、長期独裁と人権侵害といった政治的要因に加えて、食料価格の上昇が人々の不満となり独裁体制が倒れていったが、その後の政治の展開は必ずしも人々が期待していたようなものにはならなかった。戦争が長期化すれば、ウクライナで小麦の種子を蒔く機会をも失い、食料危機もまた長期化することになる。

## 忘れられた紛争地、イエメン

ＵＮＨＣＲ（国連難民高等弁務官事務所）によると、二〇二二年三月一六日、同機関の特使である女優のアンジェリーナ・ジョリーは「イエメンの状況が悲痛で、腹立たしい」と述べた。彼女が三月初めに一三〇家族が居住する非公式の入植地を訪ねると、二

○家族しか食料支援を受けておらず、また仮設学校の五つの教室は暗く、子どもたちは床に座り、食事もせず、また教師もいなかった。

イエメンでは人口の三分の二が人道支援を必要としている。長引く紛争や新型コロナウイルス、経済崩壊のほかに、ここでも気候変動が危機をもたらしている。

イエメン・サナア。地下水があと20～30年で枯渇するとも言われている。

イエメンでは気候変動のために、大規模な洪水や長期にわたる少雨に見舞われている。世界銀行は、イエメンでは二〇六〇年までに一・二度から三・三度気温が上昇し、九月、一〇月、一一月には豪雨が頻発するようになると予測している。豪雨は作物や表土を洗い流すことになり、コレラやマラリアなどの疫病の原因となり、さらには有害な堆積物を農地にもたらし、農作に不適な土地にする可能性もある。少雨によって、農民たちが井戸をより深く掘るようになれば、水の塩分濃度が上がり、人や家畜に病気をもたらす。

イエメンでは二二年四月に停戦に入ったとはいえ、二〇一五年三月以来、サウジアラビアやUAEなどの有志連合軍の空爆が続いている。これらの国の軍事介入が、ロシアのウクライナ侵攻と同様に、他国の主権を蹂躙し、人権を侵害する国際法違反であることは疑いがない。

サウジアラビアはイエメンの紛争をシーア派との戦いと捉えている。シーア派の一派ザイド派を信仰するフーシ派（宗教の一派ではなく、武装集団。組織名は「アンサール・アル・アッラー〔神の支持者たち〕」）は、二〇一四年九月にサウジアラビアが支援するハーディ政権を打倒した。フーシ派はイランの軍事支援を受けていると考えられているが、地理的に離れているイランがどれほど有効な支援をフーシ派に与えているかは定かではない。

サウジアラビアは二〇一五年三月にイエメンへの攻撃を始めるにあたり、「イエメンが安定した、安全な国家になるまで軍事介入を継続する」と表明したが、サウジアラビアやUAEなどイエメンを攻撃する国には十分な地上兵力がなく、そのため攻撃は空爆に頼り、多くの市民の犠牲を生むことになっている。

ロシアのウクライナ侵攻と同様に、イエメンでも停戦を求める国際社会の努力はあった。たとえば、フーシ派が支配するサナア北部は無差別爆撃の対象となり、非人道的なクラスター爆弾が用いられた。二〇一五年一〇月、国連人権理事会で、オランダがイエメンにおける人権侵害を調査するために、国連の委員会を設置することを求める決議案を提出したが、サウジアラビアを中心とするアラブ諸国が反対し、米国もアラブ諸国を支持し、決議案は結局成立しなかった。

イエメンもアフガニスタンと同様に国際社会の無関心が戦争を悲惨なものにしている。国連は二〇二二年、イエメンの人道支援のために、四二億七〇〇〇万ドルの寄付を呼びかけたが、一三億ドルしか集まらなかったことを明らかにした。

国連によれば、イエメン紛争では二〇二一年末までに、三七万七〇〇〇人が内戦関連で死亡している。そのうち戦闘関連は全体の四割、残りの六割はインフラ破壊によって衛生的な水を飲めないためのコレラなどの疾病死、飢餓などで、死者の七割が五歳以下の子どもたちだ。

イエメンはパンの原料となる小麦の輸入の三〇%以上をロシアとウクライナに頼っていて、ウクライナ紛争もイエメンの食料難に拍車をかけることは否定できない。

## 世界の矛盾を表すシリア人傭兵

ウクライナへの侵攻でロシアはシリア人傭兵を募り、二〇二二年三月一一日、プーチン大統領は国家安全保障会議で「一万六〇〇〇人の中東出身者がウクライナで戦う」と述べた。傭兵になろうとするのは、戦後復興がままならない中で生活手段がなく、家族を養わなければならない人々だ。

シリア内戦は、二〇一一年のアラブ諸国の民主化運動「アラブの春」を契機として、アサド独裁政権の打倒を目指す武装蜂起が二〇一一年三月から発生した。国軍から分裂した「自由シリア軍」やアルカイダと関係があるとする「ヌスラ戦線」などが入り乱れて深刻な内戦となった。さらには二〇一二年にイラクから侵入を開始したＩＳ（「イスラム国」）が二〇一四年末までにシリア東部を支配地域に収め、イラクとまたがる「国家」の一部とするなど、アサド政権軍は大いに苦戦した。

ロシア連邦航空宇宙軍によるシリア空爆が二〇一五年九月から開始され、アサド政権を支え、その軍事的優位をもたらした。ロシアには中東での影響圏を確立し、武器の輸出先としてシリアを確保したいという思惑があった。

米国も二〇一三年九月からシリア空爆を開始した。ＩＳ掃討作戦も、二〇一四年八月から米軍が多国籍軍を構成しながら始まった。米軍はトランプ政権時代の二〇一八年末にシリアから撤退したが、米軍とともに行動していたシリアのクルド人武装勢力とトル

シリア・パルミラの遺跡。ISの攻撃によって、一部が破壊された。

コとの戦闘は継続している。二〇二二年六月に国連がシリア内戦の民間人の死者数を三〇万人超と見積もるなど、悲惨な内戦となった。

国連広報センターによると、シリアでは国民の八〇%が国際的な貧困ラインである一日一・九〇ドル以下の生活を送っている。

ＩＳの「首都」であったシリア・ラッカは、かつては三〇万人の人々が住む都市だったが、二〇二一年は生活苦から三〇〇〇人の人々がトルコに移住していった。気候変動による大干ばつや新型コロナウイルスの影響、貧困、またＩＳが戻ってくるかもしれないとい

う不安があるうえに、犯罪者集団の活動もあり、さらに市域の三〇%が破壊されたままなのだ。

シリア人の多くが満足な食事を口にできない状態で、プーチン大統領のロシアはシリア人の生活苦につけ込んで傭兵を募集した。月額二〇〇ドルから三〇〇ドルでシリア人傭兵を募集したという記事もあったが、[*3] これが本当ならばシリア人の命もずいぶん安く値踏みされたものだ。

外国人を実戦に投入するのは、一九世紀後半から第一次世界大戦に至る過程で帝国主義諸国が好んで用いた手法だ。フランスは第一次世界大戦で六〇万人の兵士をフランス植民地から動員し、「セネガル狙撃兵」と呼ばれる部隊には一万五〇〇〇人の兵士たちがいた。

ロシアやソ連でも中央アジアの人々が強制的に徴兵された。第二次世界大戦中、たとえば五万人のキルギス人兵士が亡くなったが、キルギスでは第一次世界大戦中にロシア帝国の強制的徴兵のやり方に対して反乱が起こったこともある。

アフガニスタンでは、一九八〇年代に米国やパキスタンが募ったアラブ人義勇兵たちが、その後米国に対して牙をむくアルカイダになった。同様に、ロシア軍のシリア人傭兵たちがチェチェンなどのムスリムの分離主義者たちと連帯して、ロシアやヨーロッパでテロを行う可能性も否定できない。

## ウクライナ侵攻で利潤を得る軍産複合体

ロシアによるウクライナ侵攻は、プーチン大統領の意図がどうであれ、米国の軍産複合体にとっては極めて好都合な機会となった。ロシアのミサイルから逃げまどい、またロシアの攻撃の犠牲になったりするウクライナ人がいる一方で、戦争で利益を上げる軍産複合体の存在がある。

グレゴリー・J・ヘイズ・レイセオン・テクノロジーズ最高経営責任者は、侵攻以前から東欧の紛争が良いビジネス・チャンスであることを述べていた。彼は二二年三月末に「その発言について謝罪するつもりはなく、また発言は民主主義を防衛するためのものであった」と述べた。

米国防総省の「ウクライナ安全保障支援イニシアチブ：Ukraine Security Assistance Initiative（ＵＳＡＩ）」や国務省の「対外軍事融資：Foreign Military Financing（ＦＭＦ）」は、

二〇一四年に行われたロシアのクリミア半島併合のときから、ウクライナに対する軍事支援のチャンネルとなってきた。二〇一四年からロシアの侵攻が始まるまで、米国はウクライナに対して五〇億ドルの軍事支援を行ってきた。

一九二九年の世界恐慌から米国経済が立ち直れたのは、ニューディール政策のおかげということになっている。しかし、第二次世界大戦で米国は世界の兵器工場となって、その兵器をヨーロッパの連合国に供給し日本などの枢軸国との戦いで用いたことは、米国の軍需産業を肥大化させることになり、その後米国はその規模を縮小できないままでいる。

米国では平時においても、兵器システムの開発に莫大な予算がつけられていった。さらに、軍事費に莫大な予算をつけることは、軍需産業で働く労働者や兵士たちの雇用を確保するためにも必要なことであり、米国は絶え間なく戦争を求める経済構造に変質していった。

二〇〇三年のイラク戦争の背景に軍産複合体の意向があったことは確かだろう。米国の軍需産業は戦争がなければ、その生産ラインを維持できない。しかし、軍産複合体の意向で始められた戦争は、結局米国やヨーロッパに対して牙を剥くIS（「イスラム国」）の誕生をもたらし、米国民そのものの安全をも脅かすようになった。軍産複合体による利益の追求は、米国民の安全には役立っていないのだ。

二〇一四年に起こったイスラエルのガザ攻撃中、米国はイスラエルのロケット防衛システム「アイアンドーム」に対して二億二五〇〇万ドル（およそ二三〇億円）の拠出を決定した。ガザでの死者が二〇〇〇人を超える中でこれは米国のイメージを低下させるものであった。アイアンドームはイスラエルの軍需産業であるエリスラやラファエル社などの製造によるものだが、米国の軍需産業の大手レイセオンの部品が使われていて、米国の国家予算がガザ攻撃の中で利益として還流する仕組みになっていた。米国はガザ攻撃中に、イスラエル国内に米軍が備蓄している弾薬を供与することを承認した。

イスラエルの労働力の五分の一は軍事関連の産業に雇用され、米国の軍事テクノロジーはイスラエルでさらに発展し、世界に輸出されることになっている。イスラエル軍のガザ攻撃が行われる背景には、こうした米国やイスラエルの軍産複合体の意図や連携があることは確かだった。この連携によって開発された米国の武器がウクライナでの戦争でも使われていることは間違いない。

米国とNATOはウクライナに、一万七〇〇〇発の対戦車ミサイル「ジャベリン」

（一発約一〇六〇万円）と二〇〇〇発の地対空ミサイル「スティンガー」（一発二〇〇〇万円：サイト「日本の武器兵器」より）を提供した。米国の軍需産業のロッキード・マーティンがジャベリンを、レイセオンがスティンガー・ミサイルを生産して、ウクライナ開戦以降両社は株価をそれぞれ一六％、三％上昇させている。[*4]

なお、ヨーロッパ最大の軍需産業であるイギリスのＢＡＥシステムズは、ウクライナ侵攻以来二六％も株価を上げた。

欧米の軍需産業は先述したイエメン紛争でも莫大な利益を得てきた。たとえば、二〇二〇年五月、米国のボーイング社は、コロナ禍で航空会社の経営が苦しくなり、旅客機の売却が多くは望めなくなった。そこでサウジアラビアと二六億ドル（二八〇〇億円近く）相当のミサイル売却を契約した。

軍産複合体に依存する米国の経済構造や、軍産複合体の米国政治に対する影響力が弱まることがなければ、米国は戦争を行い続け、他国に干渉し、その中で一般の市民が犠牲となり続けるだろう。私たちはこうした米国の政治・経済・社会の仕組みを理解しなければならない。

## ガザの不屈とパレスチナの正義

パレスチナ・ガザでは、二〇一九年にアンプティサッカーのチームが創設された。アンプティサッカーとは、手や足に切断障がいを持つ人々で行う七人制のサッカーで、アンプティサッカーワールドカップも四年に一度行われている。

ガザのチームのメンバーたちも、ワールドカップ出場を目標に、杖や義足を用いながら練習に励んでいる。

チームのメンバーの多くは、イスラエルの数次にわたるガザ攻撃や二〇一八年三月に始まった「帰還のための大行進」などで脚を撃たれた人たちだ。

「帰還のための大行進」は、現在はイスラエルの領土になっている故地に帰還することを要求する示威運動だった。その背景には二〇〇七年以来続くイスラエルによるガザへの経済封鎖があり、パレスチナ人たちの鬱屈した想いが噴出したものでもあった。

ここでパレスチナ問題の概略を見てみよう。

中世ヨーロッパ・キリスト教世界で差別、排除されたユダヤ人たちは、一九世紀にヨーロッパで台頭したナショナリズム思想に影響されるようになり、ヨーロッパの国民になれないのならば、ユダヤ人の国をパレスチナにもとうという考えに至る。この考え、イデオロギーのことをシオニズムという。

ユダヤ人にとって「シオンの丘」はエルサレムの別称だった。シオニズムに従ってパレスチナに移住するユダヤ人は増加し続けたが、元々住んでいたパレスチナ・アラブ人は土地を奪われることになり、彼らとの軋轢を生んでいった。

第一次世界大戦が終わると、パレスチナを委任統治したのはイギリスだったが、イギリスはアラブ人と移住してくるユダヤ人との間の衝突を調停することができなかった。

一九三三年、ヨーロッパ・ドイツでナチスが政権を掌握すると、ユダヤ人のいっそうの排斥や弾圧が行われた。ドイツが第二次世界大戦でポーランドなどに支配地域を拡大すると、またさらに多くのユダヤ人たちをその支配下に抱えることになり、ユダヤ人たちは最終的には強制収容所で大量に虐殺された。この虐殺によるユダヤ人の犠牲者の数は六〇〇〇万人とも見積もられている。

ホロコースト（大虐殺）の実態が戦後明らかになると、欧米諸国ではユダヤ人に対する強い同情が生まれ、ユダヤ人国家創設の考えが支持されていった。しかし、パレスチナにユダヤ人国家を建設することは先住のアラブ人の犠牲の上にヨーロッパの贖罪が行われることを意味していた。これはパレスチナのアラブ人には到底認められないことであった。一九四七年一一月の国連パレスチナ分割決議に基づいて、翌四八年五月にイスラエルが独立を宣言すると、これを断固認めないパレスチナ人やアラブ諸国はイスラエルに宣戦布告した。（＝第一次中東戦争）

第一次中東戦争はイスラエルが装備、士気に優っていたこともあって、イスラエルは独立を維持することになった。一九五〇年代になると、イスラエルに敗北したエジプトではムハンマド・アリー朝のファルーク国王の無能が強く意識され、一九五二年七月にガマール・ナセルらを中心とする青年将校らによってクーデターが発生した。ナセルはイギリスがエジプトにもっていたスエズ運河を国有化するなど、アラブの統一、発展、繁栄を唱えるアラブ・ナショナリズムに訴え、中東からイギリスやフランスなど帝国主義諸国の影響力を排除して、アラブ民衆の熱烈な支持を得ていった。

パレスチナ人に強い同情をもつアラブ・ナショナリズムはイスラエルにとって脅威となったが、一九六七年六月、イスラエルはエジプトやシリアに先制攻撃を行い（＝第三次中東戦争）、圧倒的な勝利を収めてガザ、ヨルダン川西岸、東エルサレム、ゴラン高原、シナイ半島を占領した。特にヨルダン川西岸と東エルサレム、ゴラン高原の占領は現在でも継続し、イスラエルは国際法に違反してイスラエル人の入植地（住宅地）を拡大している。

また、ガザでイスラム勢力のハマスが二〇〇六年から実効支配を開始すると、イスラエルは翌〇七年からガザに対する経済封鎖を行った。ハマスの拠点であるガザはイスラエル軍のたびたびの攻撃を受け、子どもや女性など市民の犠牲者が出る事態となっている。

パレスチナ人たちの故地への帰還は国連決議によって認められているし、またイスラエル兵の銃撃による殺傷についてはパレスチナ側には何の裁判権もなく、明白な人権侵害である。

『アルジャジーラ』の報道によると、先述した「帰還のための大行進」では少なくとも一五六人が脚を失ったと見られている。市民の抗議に対して過剰に反応して障害を負わせることは、人道に対する罪であることは明らかだ。

アンプティサッカーチームの選手たちには狭いガザを出て国際試合に参加したいという希望があったり、精神的、あるいは肉体的苦痛をサッカーで克服したいという想いがあったりする。

チーム最年少一六歳のアブドゥッラー・ムハイマル君（二〇二二年一月当時）は、二〇一四年にイスラエルの仕掛け爆弾によって脚を失い、プロサッカー選手になる夢を諦めた。しかしアンプティチームに入ることで、新たな希望や挑戦を得ることになった。

ヨーロッパ・アンプティサッカー連盟のサイモン・ベーカー事務局長は、「メッシやロナウドは二本の脚でプレイするが、ガザのベスト・プレイヤーたちは一本の脚と杖でボールを追う」と述べている。

## 平和の象徴、オリーブに託される歌

パレスチナなど地中海地域で多く採れるオリーブは、国連旗に描かれるなど平和の象徴と広く見られている。これは旧約聖書『創世記』八章の「ノアの箱船」に関する記述「神が起こした大洪水の後、陸地を探すためにノアの放った鳩が、オリーブの枝をくわえて帰ってきた。これを見たノアは、水が引き始めたことを知った」によるものだ。

平和の象徴のオリーブだが、イスラエルが占領するヨルダン川西岸では、イスラエルの入植者たちによる伐採などの事件が後を絶たない。

二〇二二年一月一八日、ヨルダン川西岸へブロンの南にあるマサーフェル・ヤッター村で、三〇本のオリーブの苗木が伐採された。ヨルダン川西岸の占領地では入植者たちによる暴力がエスカレートし、トル・ウェネスランド国連特別コーディネーター（中東和平プロセス）は、オリーブの収穫が始まった二一年一〇月四日以来、三〇〇〇本のオリーブの木が傷つけられるか盗まれたと報告している。オリーブ伐採という入植者たちの行為は、環境保護という世界的な課題にも逆行するものであることは疑いがない。

パレスチナの女性詩人ファドワ・トゥカーン（Fadwa Tuqan：一九一七〜二〇〇三年）は、パレスチナの復活への希望や夢をオリーブに託して次のように詠んだ。[*5]

オリーブの木の根は私の土壌から生えておりいつも新鮮だ。その光は私の心から放たれて霊感を与えてくれる。我が創造主が、私の神経、根、体を満たすまで、彼は自分の中に生まれ成熟のために、その葉を揺らしながら立ち上がったのだ。

パレスチナ人農民、ボランティア、人道スタッフに対する入植者たちの暴力も、イスラエルの治安部隊の目の前で起こっている。現在、ヨルダン川西岸には一四五の入植地が存在し、六六万六〇〇〇人の入植者たちが住んでいてパレスチナ人たちの生活空間はいよいよ縮小するようになっている。

二二年一月二〇日朝、イスラエルの治安部隊は、東エルサレム・シェイフ・ジャッラーのサルヒーエ家の家屋をブルドーザーで破壊した。一三人の家族たちを冬の寒空の下に置き、家族が抵抗すると、閃光弾を放って彼らを逮捕した。イスラエルのこうした行為が国際法に違反するものであることは明らかだ。東エルサレムは国際法や国連決議で占領地と認められ、被占領民の土地を奪うことはジュネーブ第四条約に違反する戦争犯罪だ。

シェイフ・ジャッラーの立ち退きについては、ナタリー・ポートマン、またイギリスのシンガーソングライターでモデルのデュア・リパ、モデルのベラ・ハディッド、女優のスーザン・サランドンなど世界の多くの著名人たちも抗議の声を上げた。オリーブの木を伐採し、軍事占領を継続するイスラエルの不正義は世界で強く意識されるようになっている。

## イスラエルの人権侵害に抗議する映画人たち

映画『ハリー・ポッター』出演女優のエマ・ワトソンは、インスタグラムに「solidarity is a verb(連帯は動詞である)」と書き込み、それにパレスチナ人支持の画像を重ね合わせ、パレスチナ人への共感の意思を明らかにした。するとあっという間に一〇〇万以上の「Like」がつき、多くの感謝のコメントが述べられた。

エマ・ワトソンの書き込みには、イスラエルによるガザ封鎖、攻撃、占領地での入植地拡大、政治犯の逮捕・拘束などの人権侵害や国際法違反に対する抗議の意図が込められていたことは間違いない。これに対してイスラエルの国連大使は即座に「反セム(ユダヤ)主義」と批判した。

「反セム主義」という言葉は、イスラエルを非難すると、即座に必ず返ってくる言葉だ。イスラエルはヨーロッパの極右ナショナリズムと同様に、反セム主義という言葉を使うことによって国内の異分子(=アラブ人)を排除しようとしている。

パレスチナ人の人権擁護を訴えることが「反セム主義」でないことは言うまでもない。

オーストリア生まれのユダヤ人哲学者のマーティン・ブーバー（一八七八～一九六五年）は、ドイツの「反セム主義」によってフランクフルト大学の教授の任を解かれ、エルサレムのヘブライ大学に移っていった。彼は、ユダヤとアラブの対話こそが肝要であり、パレスチナに創設する国家はユダヤ人とアラブ人が主権と統治を共有すべきことを訴えた。現在、パレスチナ人との対話を拒絶し、パレスチナ人を排除するイスラエルは、本来ユダヤ人がもつ「人間らしさ」を忘れ、ユダヤ人のイメージをゆがめている点で、「反セム主義」と共通項をもっている。

二〇二二年一月一三日、スーザン・サランドン、マーク・ラファロ、ヴィゴ・モーテンセン、ガエル・ガルシア・ベルナル、ケン・ローチなど四〇人以上の世界の映画スターや映画監督たちは、パレスチナとの連帯の意思を明らかにしたエマ・ワトソンを支持する声明を出した。

この声明では、世界のあらゆる不義に反対し、エマ・ワトソンの「solidarity is a verb」という明快な書き込みが、国際法のもとで人権闘争を行うパレスチナ人との意義深い連帯を表すものであることが示された。また占領者であるイスラエルと、軍事的占領とアパルトヘイトという差別制度の下に置かれたパレスチナ人との間には、埋めがたい力の差があることを認めている。

エマ・ワトソンが映画『ハリー・ポッター』で演じたのは、ホグワーツ魔法魔術学校グリフィンドール寮に所属するハーマイオニー・グレンジャーだ。どんな困難にも強い意志をもって立ち向かう心を持つ者がグリフィンドールの寮生として選ばれるとされる。パレスチナとの連帯の意思を示し、イスラエルから中傷されたエマ・ワトソンは、まさにその役柄を地で行く印象だ。彼女の書き込みに一〇〇万以上の「Like」がついたことはパレスチナ人にも大いに勇気を与えただろう。

## 学生新聞と環境アパルトヘイト

二〇二二年四月二九日付の米国ハーバード大学の学生新聞『ハーバード・クリムゾン』は、その編集委員会の名でイスラエルに対する「BDS（ボイコット、投資撤収、制裁）」を呼びかけた。パレスチナ人の人権の尊重、解放が強調されている。これが公正の実現に向けた一つのステップであり、キャンパス内外の組織化と連帯の始まりであると述べられている。

二一年六月二七日、米国イェール大学の学部学生の自治会は、イスラエルの「虐殺」「民族浄化」「アパルトヘイト」を非難する声明を採択した。このように米国の大学生たちは、イスラエルによるパレスチナ人たちへの人権侵害に明確な非難の声を上げるようになっている。

カリフォルニア大学バークレー校

米国の大学生たちが世界の矛盾の是正に大きな影響力をもつことは、一九八〇年代のカリフォルニア大学バークレー校にも例が見られる。学生たちが大学側に、アパルトヘイトを行う南アフリカ政府とビジネスをする会社への投資を撤収するように要求したことが、アパルトヘイト廃止に向けて重大な貢献となった。

このことは大学の公式ホームページでも学生たちの運動を誇るかのように記されている。一九八五年三月、アンドレア・プリチェットなど少数の学生たちは南アフリカのアパルトヘイトに抗議して座り込

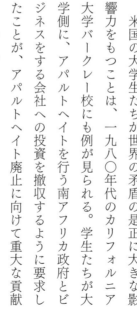

みを開始した。その時点では多くの学生たちはネルソン・マンデラが刑務所に投獄されていて、またバークレー校が南アフリカに四六億ドルの投資を行っていることを知らなかった。

学生たちは次第に関心をもち始め、警察当局が一五八人の学生たちを逮捕すると、運動はさらに盛り上がり、一九八五年五月に大学当局は学生たちと話し合いの場をもつようになった。翌八六年七月、大学評議会は南アフリカと取引を行う企業への三一億ドルの投資を撤収することを決定した。それは全米の大学とすれば最大規模の投資撤収だった。バークレー校の運動は世界の反アパルトヘイト運動の先駆けとなり、一九九〇年にネルソン・マンデラは釈放され、一九九四年にアパルトヘイトは完全に廃止された。*6

パレスチナ人たちは環境問題をめぐってもアパルトヘイト状態に陥っている。イスラエルが占領したり、封鎖したりするパレスチナの土地は環境問題が深刻になっている。ガザの住民たちは、地下にある帯水層を利用しているが、その帯水層は化学物質によって汚染されるようになっている。イスラエルがガザとヨルダン川西岸地区を分離しているために、ガザの住民たちはガザの帯水層しか利用できない。飲料水が汚染されているために、ガザではサルモネラ感染症や腸チフスなどの疾患に罹るパレスチナ人たちが後を絶たない。

またパレスチナ人たちはイスラエルのガザ封鎖によって、水道インフラを修理する部品も調達できず、また海水淡水化プラントも建設できないでいる。廃棄物管理システムがまったく十分ではなく、ゴミを焼却処理するために大気を汚染し、さらに下水処理システムが整備されていないために汚水が海洋に流れ出るという問題もある。これらは言うまでもなく、パレスチナに隣接するイスラエルも影響を被る問題で、本来ならばイスラエルも真剣に取り組まなければならない。

イスラエル軍は封鎖されたガザとイスラエルを隔てるフェンスの近くに安全保障上の理由から除草剤を散布しているが、この化学物質が土壌を汚染し、がんの原因になることも指摘されている。イスラエル軍がガザ攻撃に使用する劣化ウラン弾や白リン弾も環境汚染やパレスチナ人たちの疾病をもたらしている。爆撃や銃撃からはやはりがんや出生障害、不妊などを引き起こすタングステン、水銀、コバルト、バリウム、カドミウムなどの金属がまき散らされている。

ヨルダン川西岸における入植地建設によって、パレスチナ人たちが利用できる水資源が減少していることは言うまでもない。また、パレスチナ人の土地がゴミの投棄場所になったり、入植者たちが果樹を伐採したりしている。

米国の学生たちの「ＢＤＳ」運動が「Black Lives Matter（人種差別抗議運動）」のように世界的広がりを見せれば、イスラエルのアパルトヘイト政策にも少なからぬ影響を与え、変化や改善があることをパレスチナ人の多くが期待していることは疑いがない。

---

＊1　Alison McAfee, "Extreme heat waves threaten honeybee fertility and trigger sudden death," Conversation, April 26,2022.

＊2　気象庁「世界の年平均気温偏差の経年変化（1891～2022年）」
https://www.data.jma.go.jp/cpdinfo/temp/an_wld.html

＊3　https://gazettengr.com/putin-pays-syrian-mercenaries-200-per-month-to-fight-in-ukraine-report/

＊4　https://theconversation.com/ukraine-the-worlds-defence-giants-are-quietly-making-billions-from-the-war-178806

＊5　https://www.arabnews.jp/article/middle-east/article_55424/

＊6　https://www.universityofcalifornia.edu/news/how-students-helped-end-apartheid

# 第4章

# 砂漠の緑化に取り組み平和を構想した日本人たち

## 狭量なナショナリズムを克服する環境問題への取り組み

中村哲医師が活動していたアフガニスタンは「民族の博物館」とも形容されるほど実に多様な民族が住んでいる。一九九〇年代の内戦は、民族の断層線に基づく戦いでもあった。

筆者は国際交流基金のプロジェクトのメンバーとして、アフガニスタンの和平を考えた時、スポーツでは民族の代表ではなくアフガニスタン人代表という意識をもたせるナショナル・チームをつくることこそが大事だという提言を行ったことがある。

そのような民族的環境の中で用水路を造成して人々に食や職を与えようとした中村医師の事業は、各民族の宥和にも役立ったに違いない。中村医師の言葉を借りれば「きちんとした生活をしていける環境を整えることこそが、真の安全保障につながる」[*1]。これこそが、アフガニスタン国内の対立を乗り越えるすべでもあった。

二〇〇一年一〇月に国会特別委員会の参考人として呼ばれた中村医師は、「対テロ戦争」よりも重要なのは、被災者一二〇〇万人以上、四〇〇万人が飢餓線上にある大干ばつであることを強調した。

当時、日本では国会をはじめ、難民にどう対応するかという議論が活発だったが、難民を出さない努力こそが求められていることを中村医師は強調した。また、暴力を力で抑え込むことに日本が加担すれば、現地での日本人による救援・支援活動も困難になることを主張した。

アフガニスタン人の日本に対する絶大な信頼は、自衛隊の派遣によってもろくも崩れるのではないかというのが中村医師の常々の懸念だった。自衛隊を派遣すれば、アフガニスタン人全体の排外的なナショナリズムによって、日本人も猛烈に反発されるということが中村医師にはよくわかっていた。それよりも現地の人の中に溶け込み、難民を出さないための事業を行い、現地の狭い民族、部族ナショナリズムを超越することを考えるとともに、現地の人々の信頼を得ることこそが、日本人が支援活動の成果を得るためには何よりも求められると中村医師は考えていた。

環境保護と、戦争や武力による自衛は、その発想において逆のベクトルが働いている。戦争は一国でも起こせるが、環境保護は多国間、あるいは世界的な相互支援の枠組みが必要で、一国だけの利益を求めるものではない。その点でも国際的な協調を必要とし、戦争とは異なる次元の発想が求められている。

日本人の中には、戦争が最大の環境破壊や環境悪化をもたらすことを認識・理解して、環境改善のための事業を世界に先駆けて行った先人たちがいた。この章では、狭量なナショナリズムを超越した彼らの取り組みを紹介する。

## フィリピンの環境改善に努めた元日本兵 ――土居潤一郎

戦争の当事者たちは環境への配慮をしない。アジア太平洋戦争では、日本軍も環境破壊を行ったことは想像に難くない。日本軍が行った破壊について贖罪の想いからフィリピンでマングローブの植林に努めた日本人がいた。

土居潤一郎氏（一九二〇～二〇〇三年）は通信部隊の小隊長としてフィリピン・ネグロス島で終戦を迎えた。戦中、部隊が山中に退避する際にネグロス島のシライ市の教会の爆破を上官から命ぜられたが、爆破したと偽って報告したことがあった。教会は住民たちの避難場所になっていて、爆破は無辜の住民たちの死をもたらすことになる。実際に爆破を行っていたら戦後も現地住民たちの反日感情は根強く定着しただろうと、後年、土居氏は語っている。

戦後、一九七四年にフィリピンを再訪すると、現地に残されて「敵国人」とされた日本人や日系二世、三世の困窮した生活を目の当たりにして、その支援に着手するようになった。また、戦中に「迷惑をかけた」現地の人々の役に立ちたいと考えた。現地の貧しい人々に食事を提供し、「お腹いっぱい食べさせてあげたい」が口癖になった。

フィリピンでは一九七〇年代より魚やエビの養殖のために、マングローブの伐採が進んでいた。マングローブは、海水と淡水がまじりあう「汽水域」に生息する植物の総称で、マングローブが伐採されると海岸線が削られていくとともに、津波被害を防ぐことができなくなる。また、マングローブは鳥や魚、エビ、カニなどの生態系のるつぼであり、伐採すると魚が育たなくなり、漁業が不振に陥り、さらなる貧困を招くという問題がある。

土居氏の呼びかけで「イカオ・アコ」というNPOが起ちあがった。「イカオ・アコ」は、フィリピンの言葉で「あなたと私」という意味だ。一九九七年から活動を開始して、二〇二〇年までに一七五万本の植林を行った。こうした土居氏の活動は、われわれに戦争と環境問題の本質を教えてくれるように思う。

## 中国の緑化に取り組んだ日本の植樹部隊——吉松隊

一九四一年一二月八日は、日本が真珠湾に奇襲攻撃し、太平洋戦争に突入した日だが、日本軍はそれ以前の一九三七年から中国と戦争を行っていた。

中国における日本軍の振る舞いは歴史の暗部として語られることが多い。食料などの補給ができない日本軍は「現地調達」しか選択肢がなく、心ない将兵たちは人倫に反する行為で中国の人々から反感をもたれていった。

また、七三一部隊のように細菌戦の研究に関わり、生体実験の結果、三〇〇〇人もの中国人が犠牲になったこともあった。しかし、それでも「本来日本人はヒューマニスティックな感情をもっている」と信じたいというのが、多くの日本人の感情だろう。

戦争中の中国では、植樹に尽くした日本の軍人もいた。吉松喜三大佐（一九一五〜一九八五年）は機動歩兵第三連隊を率いて、山西省の太原や安北を転戦していたが、「緑の木こそ人の心を安らかにする」と考え、戦闘を行った地で植林を続けていった。アジア太平洋戦争の目的は「大東亜共栄圏」の創設で、「興亜（アジアを発展させる）」がスローガンであっただけに、中国の荒涼と乾ききった大地を緑に変えることは、日本軍の本来の理念にもかなうものだった。

植樹した苗木は実に四〇〇万本とも推定され、植樹を休んだ日は一日もなかったという。包頭《ほうとう》（内モンゴル自治区の中央に位置する都市）の町に駐屯した時には公園をつくり、子どもたちには動物園までこしらえた。

中国の黄色く、乾いた大地に緑の植林を行い、ポプラや桜並木を造営したことは、戦禍の中にあっても、人々にやわらかで新鮮な感情を与えた。

植樹は兵士たちの心を和ませ、また中国の住民にも喜ばれるという「一石二鳥の名案」だったと、吉松連隊に所属していた古川文吉氏は回想している。[*2]

古川氏によれば、第一大隊では五〇万本の植樹を達成して、「興亜植樹の森」記念の石碑を建てた。苗は挿し木によるものを主として、兵舎の庭などに挿し木の畑をつくって毎朝晩水を与え、移植を行っていったという。包頭では「興亜植樹公園」をつくり、日本の桜の苗木一万本とともに植樹を進め、模擬富士山をつくり、池をこしらえて、そこに魚を放って日本軍の兵士と現地の人々が共に釣りを楽しんだ。

吉松連隊の連隊歌は隊員から募集されてつくられたが、次のようなものであり、他の軍歌とともに歌われた。

雪に嵐に打ち勝ちて
四方にひろがる深緑
西風いかにすさぶとも
われに平和の木陰あり

戦後、国民党政府軍の劉峙《りゅうじ》上将や毛沢東からも吉松連隊長に感謝状が贈られた。戦争中のこととはいえ、吉松喜三氏の発想は、砂漠の緑化という日本と中国には共通の課題があることをあらためて教えた。そして中国の人々のことを気遣い、戦時中に中国市民との交流を求めたヒューマンな日本の軍人もいたことを示している。

吉松氏は「緑地を増やすことは社会の安定に役立つ」という発想の先駆者でもあった。その考えは気候変動に直面する現在の国際社会にも模範となるものだ。

## 砂漠に三〇〇万本のポプラを　――遠山正瑛

砂漠化が政治的、社会的混乱をもたらすと考え、砂漠の緑化に取り組んだ日本人がいた。遠山正瑛《せいえい》氏（一九〇六〜二〇〇四年）は、一九八〇年から中国の内蒙古自治区のエンゴペイ砂漠で緑化の研究に取り組み始め、毎年八〜九カ月間の滞在期間には、毎日一〇時間近くにも及ぶ作業を一四年続けた。その上、日本では全国を巡り、砂漠緑化のために募金活動を精力的に行った。

遠山氏の著書『よみがえれ地球の緑』（佼成出版社、一九八九年）によると、一九九〇年、遠山氏は内蒙古自治区のエンゴペイ砂漠に住むようになった。「エンゴペイ」はモンゴル語で「平和、幸せ」という意味であり、かつては緑が茂る地域であった。一九九五年までに成長の早いポプラの木が一〇〇万本植えられ、二〇〇一年までには三〇〇万本となる。彼の緑化活動は成功し、国連から「人類に対する思いやり市民賞」を授与された。

遠山氏は、「砂漠の緑化は世界平和に緊密に関わる。地球の三分の一の土地は乾燥しており、地球の温暖化、人口の増加や無制限な開墾などは、砂漠化を加速させ、これによって糧食不足などの問題は深刻化している。だから砂漠を緑化して、砂漠化を止めるのはこれらの問題を解決する上で最善の選択なのだ」と語った。さらに、「砂漠の緑化は中国への恩返しでもある。昔の日本は中国からいろいろと学び、それを各分野で活かした」とも話している。

この遠山氏の砂漠の緑化という業績は「イスラム過激派」の暴力の抑制や日中関係の改善にも教訓を与えるものである。過激派によるテロは、彼らに職がないことも重要な背景となっている。砂漠の緑化によって耕作地が増え、若者たちが農地から収入を得ることができれば、自らも死ぬかもしれないような暴力的な活動によって生計を立てようとする発想が自ずと減っていくことは明らかだ。

遠山氏は、その活動は中国への恩返しだったと振り返っている。山梨県南都留郡瑞穂村（現富士吉田市）の浄土真宗西本願寺派の寺で生まれた遠山氏は、仏教の伝来も中国との交流によってもたらされるなど、日本の文化が中国の文化遺産の上に成り立っていると考えていた。

遠山氏は、「水の利用に関しては、その国、その土地の、長い間培われた伝統に感動を禁じ得ない」と述べている。たとえば、奈良・二月堂のお水取りの行事は、福井県の若狭・小浜市でお水送りがあったのち、地下水脈を通って一〇日後に二月堂に届くと考えられている。遠山氏はこれを中国・新疆ウイグル自治区のトルファンなどにある坎児井（カルジン）の伝統が日本にやってきて、日本の春の行事として定着したものではないかと推論している。

カルジンによる水の供給は古代のイランで考案されたもので、第1章で触れたように、イランではカナートと呼ばれている。アケメネス朝時代のイランで生まれたカナートは、農業の振興や居住地の拡大のために造られた。カナートは山麓部に掘った井戸にたまった水を、長い水道で運ぶ横井戸のことで、トルファンあたりだと横井戸というよりも、水が流れるところは地下だけではなく、地表を細長い水路のように、天山山脈の雪解け水を運んでいるところもある。

トルファンはウイグル人が多く住むところだが、「日中戦争の記憶がないせいか、ウイグル人たちが日本人に親愛の情をもっているようだ」と遠山氏は述べている。また「ウイグル人は誰でも友だちになってくれるようだ」と語り、だからこそ余計に日本の技術協力で緑の大地にしてあげたいという想いになると話している。

遠山氏は、中国への理解と協力を呼びかけ、中国を守ることができなければ、日本も守り育てることができないと述べている。中国の人々や、中国の文化、社会への理解を深めることは、遠山氏の言うように、日本人を守ることとして返ってくるだろう。

## 伝統的井戸掘り技術で世界を救え——中田正一

世界の渇きに日本の伝統的手掘りの井戸で挑戦した日本人がいる。農学者の中田正一氏（一九〇六〜一九九一年）は「飢えと渇きに苦しむ人々に最も必要な命の糧は水だ！」と考えた。そして「助けることは助けられること」をモットーに、世界の困窮する人々に命の糧である水を与えようと井戸掘りの活動を続けた。

戦後、農林省に入省した田中氏は、一九六三年にアフガニスタンに派遣されて農業指導に取り組み、農業技術カリキュラムを小・中学校に普及することに貢献した。そして一九六七年に農業を中心とした国際協力を行う人材を育てることを目標に「国際協力会」（後の「風の学校」）を設立し、自らの志を将来の世代に伝えることを考える。

一九七四年には農林省を退職し、一九七五年に独立してから間もないバングラデシュに農業支援チームの指導者として赴任した。これはバングラデシュ政府の要請によって日本政府が派遣したものだが、中田氏は砂防や飼料に適したイピルイピルの木を植林し、その普及に成功した。

中田氏は、モノやカネに頼らず、現地の人々と協力して危機を乗り越えようとし、物資がない発展途上国でも応用できる井戸掘りの技術の教化や、難民などの困難な生活状態の改善に努めた。「モノやカネは外から調達できますが、水は現地になければ意味がありません。飢えと渇きに苦しむ人々に最も必要な命の糧は、水なんです」と訴えながら「風の学校」の教え子たちと各地を回り、井戸を掘り続けた。

アフガニスタンには一九六三年六月から六五年一月まで、農林省を休職してユネスコ（国際連合教育科学文化機関）の農業教育の専門家として赴き、アフガニスタンの文部省に協力した。

アフガニスタンはシルクロードの十字路で、中国とヨーロッパ、インドとヨーロッパの二つの交易路が交差し、東西南の文化が集中する豊かなところである。中田氏は、アフガニスタンが文化的に満ち溢れ、また民族の多様性にも触れることができる素晴らしい国だと知ることになる。

退職後はボランティアとして、バングラデシュやソマリアなどのアフリカ諸国をまわることになるのだが、アフガニスタンのことが忘れがたく、日本国際ボランティアセンター（ＪＶＣ）のボランティアとして一九九一年に再びアフガニスタンに入ることになる。アフガニスタンに入る前には、パキスタンのペシャワールに滞在するが、そこでアフガニスタン難民の医療支援を行う中村医師などの世話になったという。

中田氏はアフガニスタンなどでの体験から、人間は他の生物との関わりなしに生きていくことはできないと考えるようになる。戦争などで他の生物との関わりが希薄になったり考慮しなくなったりした結果、気候変動といった環境問題も起こるようになった。中田氏は、いずれ人間は他の生物との関わりを重視する「農的生活」に回帰していくだろうと考え、現地の人々が農業で自立できる井戸掘りなどの仕事を支援していった。

一時の援助は、効果がすぐ消滅してしまう。教え、教えられる協力関係、人間交流こそがまさに長い期間にわたって伝えられ、地理的にも広い範囲で人々の利益になるものなのだ。

環境汚染をしてきた日本のような工業国も自然循環の回復や修正を教えられると、中田氏は述べていた。気候変動問題に直面する国際社会が、まさに傾聴すべきものだ。

## 古代の知恵で「沙漠」化を防止せよ　――小堀巌

地理学者の小堀巌氏（一九二四～二〇一〇年）は、アルジェリアのサハラ砂漠に行く前には、すべて砂の砂漠ではないかと漠然と思っていたそうだ。しかし実際に訪れると、砂は五分の一とか、六分の一という印象で、あとは岩だった。だから「砂漠」は水が少ないという意味で「沙漠」と書くのが適当だと主張するようになった。

一九七七年にケニア・ナイロビで初の「国際砂漠化防止会議（UNCOD）」が開かれてから、その目標がどれほど達成できたかについて小堀氏は、心もとない思いになったという。ハイテク技術や海水の淡水化を考えるよりも、途上国でも対応できるカナートのような技術のほうが、砂漠化についてはむしろ有効ではないかと考えるようになった小堀氏は、その解答をアルジェリアの砂漠などを訪ねて得ることになる。

たびたび触れているが、カナートはイランなどの乾燥した地域では貴重な水源である。遠くから見ると、こんもり盛り上がった土の井戸（子井戸）が砂漠の中に連なっていて、まるで月のクレーターが一筋に伸びているかのようである。

イランではカナートによる灌漑が盛んで、三万本とも五万本ともいわれるカナートがある。カナートがいつ始まったのかは諸説あるが、少なくとも起源前七〇〇年代には、存在したことが確認されている。

イランの観光地として有名な、アケメネス朝の都ペルセポリスも、このカナートによって水を供給されていた。アケメネス朝の地方総督や将軍たちも農業を振興し、自らの経済的基盤を整えるために、カナートの建設に力を注いだ。

近代に至るまで、イランで用いられる水の七〇%はカナートによるものであったと見積もられている。イランのカナートの総延長は、一〇〇万キロにも達するといわれる。オマーンでは、現在三〇〇〇カ所のアフラージュ（カナート）が稼働していると見積もられている。

地球温暖化によって砂漠化が進行すれば、農地は減少し、食料問題を引き起こす。また緑地の減少は温室効果ガスの増加をもたらし、さらなる温暖化の原因になるという悪循環を繰り返す。国際社会は小堀氏の観察に従って、古代人の知恵を切実に検討し、途上国の水不足の対策をするべきだろう。

## 「みどり一本」運動　――犬養道子

気候変動によって、森林火災などの大惨事ももたらされる。二〇一九年、『サイエンス』に掲載された論文によれば、大量に木を植えることが最も効果的な温室効果ガス削減方法だという。[*3]

植林については、これまで紹介してきた通り、日本人は発展途上国で様々な取り組みをしてきた。

難民救済事業や途上国支援に力を尽くした評論家の犬養道子氏（一九二一〜二〇一七年）は、「みどり一本」運動を推進していた。一九八一年九月、UNHCR（国連難民高等弁務官事務所）は、その構想を基にして植林プロジェクトを開始した。一九七九年末にソ連軍が行ったアフガニスタン侵攻を契機に、パキスタンに逃れたアフガニスタン難民支援の一環としてであった。

難民たちは調理や暖房用の薪にするために難民キャンプ周辺の木々を伐採していたが、森林伐採は生態系の破壊、地球温暖化、洪水・干ばつの増加、砂漠化などをもたらす。

土地が再生しなければ、難民たちをはじめ、受け入れ国の住民たちの食の確保も困難になる。

犬養道子氏の祖父は、首相を務めた犬養毅（一八五五〜一九三二年）である。犬養首相は満州国不承認、上海事変早期妥結、議会主義擁護を提唱していたが、こうした主張は海軍の青年将校などナショナリズムに訴える勢力の反感を買い、五・一五事件で暗殺された。

この事件の記憶から道子氏は、ひとりよがりのナショナリズムを日本からなくすために勉学に励んだという。「国境線上で考える」とは、そうした彼女の考えを端的に表す言葉だ。

犬養首相は、五・一五事件で暗殺される数日前に、孫である道子氏に「恕《じょ》」という文字を書いてその意味を教えた。

恕は「他人の心情を察し、思いやる」という意味がある。道子氏はその恕のような生き方を実践されたのではないだろうか。

## タイに梅の木二万二〇〇〇本 ——梅林正直

アフガニスタンはアヘンの原料となるケシの最大の生産地であり続けている。米軍がアフガニスタンに駐留中、米国はケシ栽培の根絶に八〇億ドルを用いたそうだが、成功することはなかった。

二〇二二年四月、タリバンはアフガニスタンにおけるケシ栽培禁止の訓令を出した。国際社会におけるタリバン政権のイメージアップにも必要なことだろう。アフガニスタン南部のヘルマンド州は特にケシ栽培が盛んなところだったが、タリバンはケシ栽培をゼロにすることを目指し、トラクターでケシ畑を破壊するようにもなっている。

ケシを根絶するならば、これまでケシ栽培によって生計を立てていた農民たちに他の生活手段を与えなければならない。アヘン製造はアフガニスタンのGDPの一四%を構成するほどで、ケシ栽培に従事する農業労働者たちは月額三〇〇ドルを稼いでいた。[*4] ケシに代わる商品作物を見つけ、その栽培を行うことは、タリバン政権成立による混乱や、米国の制裁、深刻な干ばつがある中で、切実なことのように思われる。

かつてタイも含む世界最大の麻薬の生産地「黄金の三角地帯」で、ケシに代わる商品作物を植える活動に人生を捧げた日本人がいた。

三重大学名誉教授であった梅林正直氏（一九三四〜二〇二〇年）は、タイ北部の山岳民族地帯で梅やタイのライム「マナオ」の植樹を行うようになった。土壌学が専門の梅林氏が一九九五年にタイを訪れた際に、日本の海外青年協力隊員からケシに代わる作物はできないかと相談を受けたのが契機だった。そして、三〇〇本ほど梅の苗を植えると、一九九七年に再訪した時にはそれが四、五メートルに伸びていた。

一九九七年は梅林氏が三重大学を定年退職した年だった。梅の生育にとってタイ北部が適していることがわかると、梅林氏は麻薬の生産地として知られた「黄金の三角地帯」を「緑の三角地帯」に変えることに定年後の人生をかけることにした。

梅は花芽がつくのに必要な低温（一週間から一〇日にかけて五度以下）が確保される標高一五〇〇メートル以上のところに、マナオはそれよりも標高が低いところに植えた。マナオは酸味と香りをつけるのに欠かせないタイの柑橘類だ。梅はタイ北部の高地での栽培に適していて、枝切りなどの手間もいらず、塩や砂糖による加工も容易だ。

梅林氏は、名が体を表すようにタイで梅林の造成を行ったが、黄金の三角地帯には麻薬マフィアの活動があり、植林は決して安全なものではなかった。そのときの様子を梅林氏は、「『ケシをケシに来たケシからん奴はケシてしまえ！』というマフィア組織に細心の注意を払って活動した」とユーモアを交えて述べている。*5

梅はタイ北部六県四〇数カ村に二万二〇〇〇本、マナオは一万八〇〇〇本を植樹した。梅林氏は、毎年二回、三カ月ずつタイを訪れ植樹を続けたが、植樹の費用は日本国内での講演謝礼などすべて自己資金でまかない、私財二〇〇〇万円を投じた。「自分の頭と体と金を使って汗を流すのがボランティアの原点」と語っていた。

梅林氏は父親から「ハタ（傍）の者をラク（楽）にすることが本当の働くこと」と言い聞かされて育ったという。

タイでは、「正直」という名前の音とマナオをかけて「アチャーン・マナオ（マナオ先生）」と呼ばれ、親しまれた。こうしたタイとの友好協力の功績が評価され、梅林氏は二〇〇〇年にタイ国友好賞、二〇〇八年には外務大臣賞を受賞している。

# 西アフリカ・マリで井戸を掘る歯科医師　――村上一枝

一人当たりのGDPによる貧困国ランキング（二〇一九年）で、マリ共和国は二四位（一位は南スーダン、九位までアフリカ諸国が続き一〇位がアフガニスタン）だ。[*6]

マリはアフリカの気候変動もあって農地が減少し、食べられなくなった農民たちの中には、一九七〇年代以降、北アフリカのリビアに移住してカダフィー大佐の私兵になる者もいた。しかし、二〇一一年に「アラブの春」の政治変動でカダフィー政権が倒れると、マリに帰国して武装集団を形成したり、隣国アルジェリアの過激派に加わったりする者たちも現れた。

二〇一三年、アルジェリアの天然ガスプラントで起きた「アルジェリア人質事件」で「日揮」の社員たちを拉致して制圧された過激派は、マリ出身者たちを主体としていたと見られている。「マリでは食えない」という現実から武装集団に入る若者たちが後を絶たない。

そのマリで、井戸掘りや医療の支援活動を行う日本人がいる。

新潟市で個人の歯科医院を開業していた村上一枝氏は、マリを旅行中にユニセフの医師が予防接種をしているのを見て、歯科医としての活動以外にも現地の人々の健康や衛生、栄養面で役に立てることがあるのではないかと思い、私財を投げうってマリに渡った。日本ならば容易に治せる病気でも、マリでは亡くなっている人が少なからずいることを知り、自分に貢献できることがないかと考えたという。

最初は日本のNGO「サヘルの森」の植林活動に参加した。「サヘル（サーヘル）」とはサハラ砂漠南縁地帯を指すが、この地域では農地の減少が特に著しい。二〇〇三年に発生した、アラブ系住民と黒人住民の衝突であるスーダン・サヘル地方のダルフールでの紛争も、限られた農地の奪い合いという性格が強かった。

村上氏は現地のNGO関係者からマディナ村を紹介してもらい、そこで保健衛生の改善のために何が必要か調査活動を行うようになる。

村上氏は女性たちに編み物や縫物を教えて、女性たちの生活改善を促した。学校で、子どもたちのマラリアや寄生虫の予防にも尽力した。一九九二年に「マリ共和国保健医療を支援する会」を設立して、翌九三年に「カラ＝西アフリカ農村自立協力会（CARA）」と改称し、現在も活動を継続している。

CARAの活動は、識字教育や学校建設、水資源確保のための井戸の設置、マラリアやエイズなどの病気予防、助産師の育成、産院や診療所の建設など実に多岐にわたる。妊娠、出産で命を落とす女性が多い中で、助産師を育成できた時には達成感があったという。

マリでは干ばつなどを背景に、一二〇万人が飢餓状態にあるといわれている。また、UNHCRによれば二〇二一年初期の段階で三〇万人が国内避難民であった。

マリは、宗教的にはイスラムを信仰する人が八〇%を占め（外務省のデータでは九〇%）、「イスラム協力機構（OIC）」に加盟している。

村上氏は日本人へのメッセージとして、「イスラム国（IS）は真のイスラム教徒とは違うということを知ってほしい」と述べている。[*7] フランスは五〇〇〇人の兵力をマリに投入して「イスラム武装集団」との戦闘に従事させているが、暴力の抑制には軍事力よりも村上氏が取り組むような民生の安定のほうが重要で、アフリカの暴力の中心ともいえる国に、国際社会がもっと目を向けるべきだ。

村上氏には、読売新聞社主催『第二九回医療功労賞』（二〇〇〇年度）、毎日新聞社主催『第二回毎日地球未来賞』（二〇一二年度）などが授与されている。

## 干上がったアラル海の旧湖底に植林を　――石田紀郎

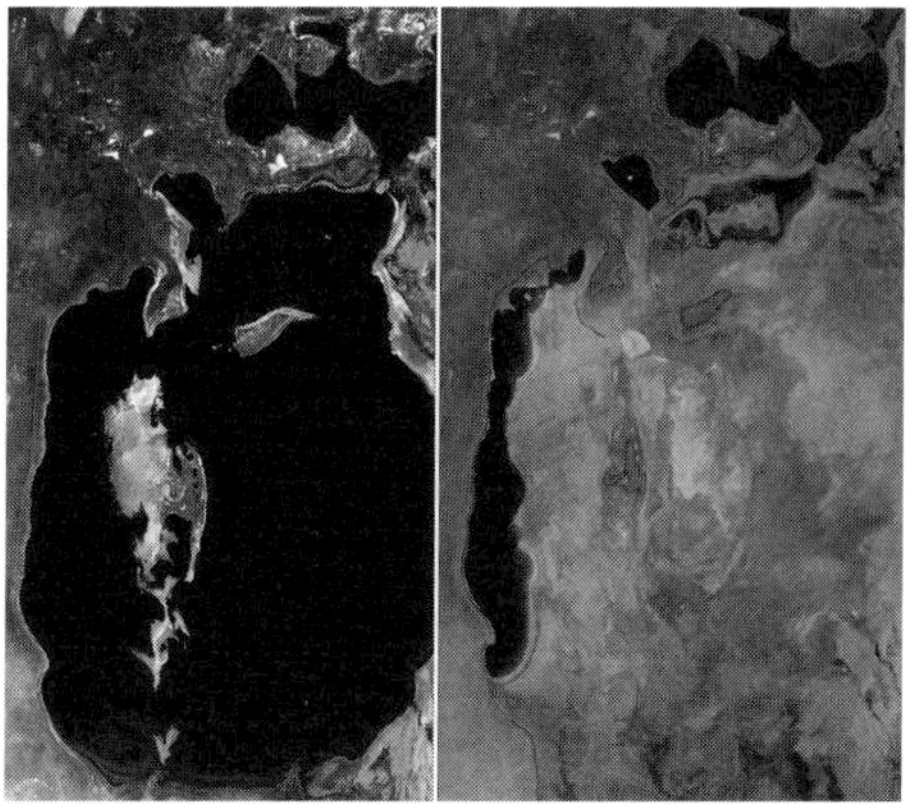

NASA撮影のアラル海。左が1989年、右が2014年。
photo by NASA. Collage by Producercunningham., Public domain, via Wikimedia Commons

カザフスタンとウズベキスタンにまたがるアラル海の縮小は「二〇世紀最大の環境破壊」と形容されている。

アラル海はかつて、日本の東北地方と同じぐらいの湖面積があったが、一〇分の一にまで縮小した。アラル海にそそぐアムダリア川とシルダリア川の水資源を、旧ソ連時代、綿花栽培と稲作栽培へ無計画に大量に使った結果だ。

京都大学教授であった石田紀郎氏（一九四〇年〜）は、カザフスタンへ現地調査に出かけ、アラル海の河川流域の農薬問題や砂漠化を研究していたが、二〇〇三年に退官すると、NPO「市民環境研究所」を立ち上げ、アラル海の環境問題に取り組むようになった。

アラル海の湖岸にあった村は、乾いた湖底から吹き付ける砂に埋もれるようになった。アラル海が乾燥化したことが原因の塩害により、周辺住人たちに呼吸器などの問題も起きている。アラル海の旧湖面などに立つと、口の中が砂と塩でザラザラしてくるそうだ。

石田氏は、砂嵐や塩害による損害を減らすために、二〇〇六年からカザフスタンの旧湖底で地元の低木サクサウールの植林を始めた。

旧湖底は白い塩で覆われるようになっていたが、石田氏らが毎年春先に二〇〇〇本ほどの苗を植えると、林と呼べるようなところもできて、砂漠にオアシスができたと喜ばれるようになった。

砂漠となった旧湖底に植林するのは大変な作業のようで、現地では石田氏は「カザフスタンで最も尊敬される日本人」とも呼ばれるようになった。世界銀行や国連機関も石田氏に倣ってサクサウールの植林を行うようになっている。

旧ソ連は、雨の降らない砂漠に農地を造成したために、大量の水が必要だった。それも東西冷戦の結果だったと石田氏は説明する。米国を筆頭とする西側諸国はソ連がバターや小麦、綿花を買えないようにしたために、ソ連は綿花の畑を増やし、中央アジアはソ連の綿花栽培の実に九五％を担うようになった。ソ連の農業政策が成功したのと引き換えに、アラル海は干上がってしまったのだ。

石田氏は琵琶湖の調査も行っており、琵琶湖も魚がいっぱい住める、あるいは水が飲めるような状態にならないと、琵琶湖周辺の農業がダメになってしまうと警告する。アラル海問題とは、われわれ日本人の問題でもあるのだ。

砂や塩の飛散を防ぐには木が必要で、木が生えれば、砂の移動も弱まり草も生えて、種が落ちて芽が出る。この循環が繰り返されれば人も住めるようになるというのが石田氏の考えだ。

石田氏は元々有限な水をどう利用するか、日本人に問題提起したいという。「世界人口が増え続けたら日本に農産物を売らない国も出てくるだろう。そんな時代に備えて日本には水の確保ができているのか、かつて淡路島や明石あたりにあったため池も減っている、これで大丈夫だろうか」と。

## 「ゴミ」でニジェールの平和を考える地理学者 ——大山修一

すでに述べたように、サヘル地帯はアフリカ大陸のサハラ砂漠の南に東西に広がる帯状の地域である。砂漠化が進んで、農耕地が減少し、貧しい経済状態に置かれている。この地域にあるニジェールは、人々の生活の質や発展の程度を示す指標である「人間開発指数2019」で一八九カ国中一八九位と最下位だ。

ニジェールの人口の九〇%はイスラムを信仰していて、マリ共和国のように、「イスラム協力機構（OIC）」に属する。ニジェールでは「IS西アフリカ州」とか、「イスラム・マグレブ諸国のアルカイダ（AQIM）」、さらには少女たちの誘拐でニュースとなる「ボコ・ハラム」などの過激派組織の活動が見られる。

砂漠化は資源の減少を意味するが、その砂漠化を食い止めるための努力を払う日本人の地理学者がいる。

大山修一氏（京都大学大学院アジア・アフリカ地域研究科アフリカ地域研究専攻教授）は、ニジェールの首都ニアメ近郊にある農耕民ハウサの小さな村を調査の拠点にして、研究活動を続けている。

大山氏は、ある時、村人が砂漠に放置した生ゴミや家畜のふんから草木が茂りだしたことに気づいた。調査をすると、ゴミの中にいたシロアリが砂漠を栄養ある土壌に変え、ゴミの中にあった種子が発芽したことがわかった。

この観察から、大山氏はゴミから砂漠を緑化できないかと考えるようになった。二〇一二年二月に五〇メートル四方の砂漠を柵で囲んで、一五〇トンのゴミを入れると、九月には現地の主食であるトウジンビエやカボチャが芽吹いたという。

さらに、草地に家畜のふんを落としてもらう契約を現地に住むフルベ族（西アフリカに広範に住む民族）と結んだ。ふんが落ちた牧草地は豊かな緑で覆われるようになり、お腹がいっぱいになった家畜がくつろぐ様子が見られるようになったという。

出されたばかりのゴミならば有害な物質は含まれず、ゴミの表面に砂をかければ、臭いも抑制できることがわかった。都市にたまった栄養物質を人間の手で農村に戻して砂漠の緑化を図り、平和の実現を目指すというのが、大山氏の構想だ。

大山氏にとってサヘル地帯の緑化は、小学生の時、一九八〇年代にサヘル地帯の干ばつというニュースに接した少年時代からの夢であったという。

都市の消費生活が進む中で、大量のゴミやし尿は都市に蓄積されて、農村には戻らない。生態系が崩れるわけだが、それでは農村の土地はやせ細っていくばかりだと大山氏は語る。それはフードロスが顕著な日本にも無縁な問題ではなく、日本の大都市でゴミが蓄積される一方で、日本に食料を供給する国の農村の土地はやせていくという問題が起きていると大山氏は話している。

大山氏は農耕民のハウサ（ナイジェリア北西部からニジェール南部にかけて住む民族）の言葉「ニュンワ・ギダン・マサラ（ニュンワは空腹、ギダは家、マサラは問題で、『飢えは問題の巣窟だ』という意味）」を紹介している。それは、食べることが平和の基本と語っていた中村医師の考えに通底するものがある。

大山氏の構想や技術が成功して、それらがニジェール社会全体を覆うようになり、その緑化事業がサヘル地帯の平和や安定に寄与することを応援したい。

---

＊1　『西日本新聞』二〇一五年九月一九日

＊2　https://www.heiwakinen.go.jp/wp-content/uploads/archive/library/roukunote/onketsu/06/O_06_293_1.pdf

＊3　"The global tree restoration potential," SCIENCE (5 Jul 2019,Vol 365, Issue 6448)

＊4　https://www.npr.org/2022/06/02/1102586941/afghanistan-opium-heroin-taliban-poppy-farmers-ban

＊5　https://www.niigata-award.jp/contents/awardnews/dl/no7.pdf

＊6　https://statisticstimes.com/economy/poorest-countries-by-gdp-capita.php

＊7　https://www.ml.emb-japan.go.jp/itpr_ja/mali_nihonjin_20150826.html

# 第5章

# 芸術は気候変動への警鐘を鳴らし戦争反対の声を上げる

## 芸術が訴える世界の矛盾と平和への祈り

二〇二二年九月、アフガニスタン東部ナンガルハル州バルカシコート取水施設の工事が完成した。中村哲医師など日本人スタッフがいない中でも、アフガニスタンの人々の力で工事を完成させたことに大きな意義がある出来事だった。

中村医師の目指した想いはもちろんのこと、用水路や灌漑設備建設のための知識、またアフガニスタンのために開拓した技術までがアフガニスタンの人々に引き継がれ、しっかり生きていることを示した。中村医師は現地の人々が主体的に生きることを手助けしたいとかねがね述べていたが、その理念が大きく前進した。

二〇二二年一二月九日のNHKニュースでペシャワール会の村上優会長は、米軍の撤退によって治安がよくなり、またタリバン政権下で不正がなくなったことを強調し、農業の復興こそがアフガニスタンで最も求められていると述べた。そして日本からも資金や技術などの支援を継続していく決意を示していた。

新たな取水施設では一〇〇〇世帯以上が恩恵を受けるそうで、一家族あたりの人数が多いアフガニスタンだから、少なく見積もっても五、六〇〇〇人の命が救われることになるだろう。また、道路を切り拓き、山岳地帯のコット郡にも水を送るプロジェクトも開始された。

「人助けや奉仕の心は、惜しむことなく、流れる川のように……」とは、この章で紹介するアフガニスタン出身の詩人ルーミーの詩の一節だが、中村医師の献身的な人生や活動は、このルーミーの詩を実践しているかのようだった。

この章では、一三世紀に人助けの精神を詩作やイスラム神秘主義の活動で体現したルーミーの詩から、中村医師の活動の意義を考察する。またノーベル文学賞を受賞したボブ・ディランなど詩人の作品、反核・反戦運動に貢献したビートルズなどのポピュラー音楽、核汚染されたチェルノブイリで支援活動を行った日本人医師の活動などを紹介しながら、人類が直面する環境問題と、紛争、核兵器の脅威、また世界の矛盾に対する人道支援の関わりなどの今日的課題を考えたい。

## 中村哲医師を称えるルーミーの詩

中村医師が銃撃されて亡くなった二〇一九年一二月、アフガニスタン・カブール市内には、中村医師の業績を称える壁画が描かれた。そして、そこには中村医師の肖像画とともに、先述したルーミーの「この土地で私は愛と思いやりを育む種のみを植える」という詩が添えられていた。それはまさに、アフガニスタンの大地に愛の種子を蒔き続けた中村医師に、ふさわしい詩だった。

ルーミーが詩の中に用いた「土地」「愛」「種子」という言葉はいずれも、人が自然と共生するための本質を表すものだ。このバランスが崩れているところから、現在の環境破壊などエコロジーの問題が発生している。

ルーミーの詩は、私たち人間社会が自然への愛を忘れていたところから発生しているものであることは疑いがない。

ルーミーは、現在のアフガニスタンのバルフで生まれた。ペルシア名はジャラール・アッディーン・ムハンマド・バルヒー。最後の「バルヒー」は生まれ故郷のバルフにちなむ。ペルシア文学史上最大の神秘主義詩人と言われている。モンゴル勢力による戦火を避けるため、家族は何年にもわたる放浪生活の末、最終的にアナトリアのコンヤ（現在のトルコ）に住み着いた。

「ルーミー」という名前は新たに住み着いた土地のコンヤがかつて神聖ローマ（Rum）帝国の支配地だったところからつけられた。生まれ故郷のアフガニスタン・バルフは戦乱のために破壊され、二度と戻れない状態になってしまった。つまり、ルーミーはいまでいう難民だった。コンヤを中心に、ルーミーが開祖の踊るスーフィ教団（旋舞教団）として知られるメヴレヴィー教団が形成されていった。

ルーミーの故地バルフに近いマザリシャリフにあるイマーム・アリー廟

中村医師を称える詩のように、ルーミーの詩作には、愛や思いやりにあふれたものが多く、米国では「ベストセラー詩人」とも形容されている。米国はアフガニスタンを軍事的に支配できなかったが、アフガニスタン出身のルーミーの詩は、米国人の心をしっかり捉えている。

たとえば、俳優ブラッド・ピットの右腕にはルーミーの詩の一節がタトゥーとして彫られている。それはコールマン・バークスの英訳で「There exists a field, beyond all notions of right and wrong. I will meet you there.（正しさと誤りの概念を超えたところに野原がある。そこで君と会うだろう）」というものだ。つまり、人間は互いの相違を乗り越えて寛容にならなければならないということや、人間だけでなく自然にも思いやりをもたなければならないということを訴えている。

東京のアフガニスタン大使館のメインホールにもルーミーの名前が付けられているほど、アフガニスタンの人々はルーミーを誇りに思っている。日本でももっと知られてよい詩人だと思う。

ルーミーが描くような愛がもっと現在の人の心の中に刻み込まれれば、戦争や環境問題が発生したり、深刻になったりすることもなかっただろうにと思わざるを得ない。

ルーミーが、自らが置かれていた環境にいかに配慮し、人や自然を愛していたかは次の詩などに表現される。

空が愛の中になければ、このように澄み切っていないであろう。太陽が愛の中になければ、光を与えることはないだろう。川が愛の中になければ、沈黙し、動くこともないだろう。山や大地が愛の中になければ、成長するものはないだろう。

愛によって苦さは甘さになり　愛によって銅は金になる
愛によって澱は上澄みになり　愛によって痛みは薬になる
愛によって死者は生き返り　愛によって王は奴隷となる

## 社会正義がにじむボブ・ディランの詞

二〇一六年に歌手として初めてノーベル文学賞を受賞したボブ・ディランの詞には、社会正義や愛の考えが強く滲み出ているように思う。

ディランの父方の家族はトルコ北東部のカルス出身で、母方の姓は中央アジアのトルコ系キルギス出身者を表す。母方の祖父母はリトアニアから米国に移住したが、父方の祖父母は、ユダヤ人迫害ポグロムを逃れ、ウクライナのオデッサから一九〇五年に米国へやってきた。あくまで筆者の考えだが、そういった家庭的背景を抱えるディランだから、社会正義の考えをいっそう強くもっているのかもしれない。

彼は、大企業が支配する経済によって不平等が蔓延し、軍国主義的、人種主義的な考えが横行する米国に反発した。

ボブ・ディランの歌が二〇〇九年一二月にデンマーク・コペンハーゲンで開催された「国連気候変動コペンハーゲン会議」のテーマ曲として採用されたことがある。

アルバム『フリーホイーリン・ボブ・ディラン』に収録されている「A Hard Rain's A-Gonna Fall（はげしい雨が降る）」。一九六二年一二月、その年の一〇月にキューバ危機が発生するなど東西冷戦の緊張が高まる中で録音されたこの曲には、次のような歌詞が含まれている。

おお、どこへ行ってた、青い瞳よ?
おお、どこへ行ってた、わが最愛の子?
霧深い十二の山腹、よろけながら歩いてた
曲がりくねった六つのハイウェイ、這って歩いた

哀しい七つの森の中へもさまよい込んだ
十二の死んだ海辺にも出た
墓場の口を一万マイル進んだ
そろそろくるぞ、ハードな、ハードな、ハードな、ハードな、
ハードな雨が降ってくる*1

核戦争の未来への恐怖の感情やその悲惨な情景を表現したものとも言われているが、現在の気候変動による環境破壊をも予想していたかのようだ。

ある『ローリング・ストーン』誌の関係者は、「この歌で表現されるところはすでに地球で発生しつつある問題で、しかも私たちが日ごろあまり意識していないものだ」と述べている。

環境破壊への危機が世界のあちこちで声高に叫ばれているが、環境を守ることも社会正義の道に通じるものであることは言うまでもない。

## ボブ・ディランが心酔した四行詩

ボブ・ディランは、ペルシアの詩人オマル・ハイヤームの無常観や飲酒の世界を多く詠む「ルバイヤート（四行詩）」の精神世界に心酔していた。

オマル・ハイヤーム（一〇四八～一一三一年）は、イランの天文学者、数学者、詩人で、天文学者としてはイラン暦の太陽暦とイスラム暦の太陰暦の整合性を求めたジャラーリー暦をつくった。

「ルバイヤート」は、仏教にも通ずるような刹那の想いを酒、美女、詩の喜びなどで多く表現した。

一壺の紅《あけ》の酒、一巻の歌さえあれば、
それにただ命をつなぐ糧《かて》さえあれば、
君とともにたとえ荒屋《あばらや》に住まおうとも、
心は王侯《スルタン》の栄華にまさるたのしさ！＊2

ボブ・ディランは、「Absolutely Sweet Marie（圧倒的に麗しいマリー）」の中で、

Well, I got the fever down in my pockets（ポケットの下が火照ってる）
The Persian drunkard, he follows me（ペルシャの酔っ払いが後をつけてくる）*3

と、ハイヤームを「ペルシャの酔っ払い」と形容している。富などに頓着しないハイヤームの精神世界に自ずと魅かれるものがあったのだろう。

また、以下は太宰治の『人間失格』で紹介される「ルバイヤート」の一節で、訳者は堀井梁歩《ほりいりょうほ》（一八八七〜一九二四年）である。

正義は人生の指針たりとや？
さらば血に塗られたる戦場に
暗殺者の切尖《きっさき》に
何の正義か宿れるや？

堀井梁歩が訳した「ルバイヤート」は、一九三八年に出版された訳詩集『異本　留盃耶土（ルバイヤット）』として刊行された。『人間失格』の出版は一九四八年だから、堀井の訳は日本でその評価が定着していたのだろう。

堀井梁歩は、軍とか軍隊生活を徹底して嫌った人物だった。ハイヤームの普遍的な平和への情感を堀井はやや強い調子で訳しているが、現代にも通じる戦争や暴力の本質を表しているかのようだ。

## ビートルズに平和を説いた哲学者

イギリスの哲学者であるバートランド・ラッセル（一八七二〜一九七〇年）が科学者のアインシュタインとともに、核廃絶の訴えをした「ラッセル＝アインシュタイン宣言」を出したのは一九五五年七月九日のことだった。

〈前略〉私たちは人類の一員として、同じ人類に対して訴えます。あなたが人間であること、それだけを心に留めて、他のことは忘れてください。それができれば、新たな楽園へと向かう道が開かれます。もしそれができなければ、あなたがたの前途にあるのは、全世界的な死の危険です。〈後略〉

（「ラッセル＝アインシュタイン宣言」[*4]より一部抜粋）

ラッセルは、行動的な自由主義者、人道主義者として、第一次世界大戦からベトナム戦争まで戦争批判の声を上げ続けた人物だ。

この宣言は冷戦の核戦争の脅威がある中でアピールされ、日本の湯川秀樹博士も連名で署名を行った。

核廃絶を訴えたバートランド・ラッセルは、ビートルズが政治や平和に関わる歌を作るようになったきっかけをつくった人でもあった。

バートランド・ラッセル（1957年）
photo by Anefo, CC0, via Wikimedia Commons

善き人生とは愛によって触発され、知識によって導かれるものだ
――バートランド・ラッセル

この言葉に影響されて作られたのが、ビートルズの「All You Need Is Love（愛こそはすべて）」だ。

かつてポール・マッカートニーは、ラッセルに面会を申し入れると気さくに応じてくれたことを回想している。

マッカートニーがラッセルに会ったのは一九六五年で、その年の二月に米軍が北爆を開始するなどベトナム戦争が本格化する頃だった。そのときのことをポールは次のように振りかえっている。

〈前略〉アメリカが自国の既得権のためだけに戦っている帝国主義的な戦争だということを教えてもらった。この戦争には反対すべきだと。それだけ聞けば十分だった。偉大なる哲学者の口から、直接、聞いたんだから。*5〈後略〉

ポール・マッカートニーがジョン・レノンにラッセルの話を伝えるとレノンも戦争に関心をもつようになり、その二年後の一九六七年に戦争を皮肉るコメディ映画『僕の戦争』に出演し、また「イマジン」「平和を我等に」など平和への想いを込めた曲を作るようになった。

そして一九六〇年代半ばになると、ビートルズの楽曲は何らかの政治的メッセージをもつものが現れるようになった。

一九六八年に発売されたアルバム『ザ・ビートルズ』の中に収録されている「While My Guitar Gently Weeps（ホワイル・マイ・ギター・ジェントリー・ウィープス）」には、次のような歌詞が含まれている。

世の中の営みは脈々と続く
僕のギターがすすり泣いている間も
僕らは失敗を重ねながら物事を学んでいく
僕のギターはひそやかにすすり泣く*6

この曲を作ったのは、ビートルズのジョージ・ハリスン。

この曲が発表された一九六八年は、チェコスロバキアの民主化運動「プラハの春」が軍事力で制圧され、フランスの「五月革命」では大学の改革、ベトナム反戦、労働者の管理問題の改善が唱えられた。米国では四月にキング牧師暗殺事件があった。

ジョージ・ハリスンはこうした世界の混沌とした動静を意識し、この曲に、普遍的な愛が世界でより強調されれば対立や憎悪、紛争を乗り越えられるという願いを込めたようだった。何よりも若者をはじめ世界の多くの人々がビートルズの音楽に注目している時代だった。

この曲の歌詞は四行詩によって構成されていて、前述したオマル・ハイヤームの「ルバイヤート」を連想させる。ジョージ・ハリスン自身も、ハイヤームに傾倒していたボブ・ディランの叙情的スタイルと詩の押韻構成に影響されたと語っている。

愛は人々の内で眠ったままらしい
僕のギターがすすり泣いている間も
あの人々をごらん

僕のギターはひそやかにすすり泣く*6

「ホワイル・マイ・ギター・ジェントリー・ウィープス」が説く普遍的な愛は、暴力の行使がいかに無益か、力による勝利がいかに幻想的で空しいかを、教えてくれているように思う。

## 「プラハの春」のロシアへの教訓

ジュード　あなたには歌がある
みんながそれを歌うと　あなたの目が輝く
そしてあなたが静かに　口ずさむだけで
すべての聴衆はあなたにひきつけられる
あなたはこっちへ　私は向こうへ歩き出す
でもジュード　あなたと遠くはなれても
心は　あなたのそばに行ける

これは、一九六八年に全米で九週間連続ヒットチャート一位となったビートルズの曲「Hey Jude（ヘイ・ジュード）」に、チェコスロバキアの歌手マルタ・クビショヴァー（一九四二年生まれ）がチェコ語の歌詞をつけたものだ。祖国への想いとソ連への抵抗の感情が込められている。

一九六八年に「プラハの春」と呼ばれた民主化要求運動が、ソ連をはじめとするワルシャワ条約機構軍によって蹂躙される中で、マルタは「ジュード」を「希望」になぞらえて作詞し、この歌は広くチェコスロバキアの人々の間で口ずさまれるようになった。

一九六八年はじめからチェコスロバキアではアレクサンデル・ドプチェク共産党第一書記の下で民主化が進められた。三月に検閲制度を廃止、また言論と芸術表現の自由も保障され、「人間の顔をした社会主義」が唱えられた。これに応じてビートルズなど西側の音楽も聴かれるようになった。

一九六八年六月二七日には「二千語宣言」[*7]で過去における共産党の独裁体制が非難され、権力を濫用した者たちの退陣が要求された。これには各界の著名人をはじめとする七〇人が署名したが、その中にはマルタや、また東京オリンピックの体操個人総合、跳馬、平均台で金メダルを獲得したベラ・チャスラフスカ選手も含まれていた。「二千語宣言」を、ソ連は反革命宣言であると激しく批判した。

ソ連が「プラハの春」に介入したのは、民主化要求運動が広く東側陣営に波及することを恐れたためで、社会主義全体の利益のためには一国の主権は制限されるという「制限主権論（ブレジネフ・ドクトリン）」の考えからだった。しかし、これはモスクワの政府の利益を最優先するものだった。

マルタは人々に希望を与えようと、アルバム『ソング・アンド・バラード』の一曲目にチェコ語の「ヘイ・ジュード」を入れた。チェコスロバキアの「ヘイ・ジュード」は一九六九年一〇月にレコードとしてリリースされて大ヒットした。

マルタは「二千語宣言」への署名を撤回せず、一九七〇年一月、音楽界から永久追放され、レコードも発売禁止、また没収の措置となった。同様に、「二千語宣言」の署名を撤回しなかったチャスラフスカもメキシコシティ・オリンピックに参加し、段違い平行棒、床運動、跳馬、個人総合で優勝したものの、政治的監視下に置かれ、冷遇され、東欧革命後にようやく復権した。

マルタやチャスラフスカのケースを見れば、武力で人の心を制することが不可能であることがわかる。

## トルコの詩人が感じた地球の環境危機

生きることは笑い事ではない
あなたは大真面目に生きなくてはならない

たとえば　生きること以外に何も求めないリスのように
生きることを自分の職業にしなくてはいけない

生きることは笑い事ではない
あなたはそれを大真面目にとらえなくてはならない

〈中略〉

この地球はやがて冷たくなる
星々の中のひとつでしかも最も小さい星　地球
青いビロードの上に光り輝く一粒の塵

それがつまり
我らの偉大なる星　地球だ

この地球はいつの日か冷たくなる
氷塊のようにではなく
ましてや死んだ雲のようにでもなく
クルミの殻のようにころころと転がるだろう
漆黒の宇宙空間へ

そのことをいま　嘆かなくてはならない
その悲しみをいま　感じなくてはいけない
あなたが「自分は生きた」というつもりなら
このくらい世界は愛されなくてはいけない

――「生きることについて」ナーズム・ヒクメット

これは、映画『チェルノブイリ・ハート（原題：Chernobyl Heart）』（マリアン・デレオ監督、二〇〇三年）の冒頭で紹介された、トルコの詩人ナーズム・ヒクメット（一九〇二〜一九六三年）による詩だ。

この映画はチェルノブイリ原発事故の子どもたちの心臓疾患や放射線障害など健康被害を紹介し、二〇〇六年には国連総会でも上映された。特に後半の部分は原発事故の人体への深刻な影響や環境破壊の恐怖を強調しているかのようだ。

ヒクメットは、この詩を詠むことで、冷戦時代の核戦争の脅威を地球への重大な挑戦として意識したのだろう。

チェルノブイリの原発事故では、戦争ではなく、核関連施設の事故が人類の終焉をもたらすのではないかという恐怖が生まれた。

そして現在、世界にはウクライナをめぐって第三次世界大戦が起こるのではないかと見られるほどの紛争が発生している。

ウクライナの原発がロシア軍の攻撃の脅威にさらされていることを知り、作家の林京子氏（一九三〇〜二〇一七年）の体験を思い出した。

林氏は、一九四五年八月九日に長崎市内の三菱兵器工場に学徒動員中に被爆した。被爆から三〇年後、その体験をモチーフに書いた短編『祭りの場』で、芥川賞を受賞した。

林氏は、長崎の原爆投下から五四年後の一九九九年にアメリカ・ニューメキシコ州トリニティ・サイトを訪ねた。ここは、一九四五年七月一六日に核爆発実験が初めて行われた場所だ。そして、それからひと月も経たないうちに、この時と同じプルトニウム型の原子爆弾が長崎に投下された。

林氏はトリニティ・サイトで、カラスなど鳥も飛んでいない様子を見て、広島や長崎より前に原爆の犠牲になった声なき生物がいたことを知った。

ナーズム・ヒクメット
photo by Bundesarchiv, Bild 183-14809-0004 / Sturm, Horst / CC-BY-SA, CC BY-SA 3.0 DE , via Wikimedia Commons

大地の底から、赤い山肌をさらした遠い山脈から、褐色の荒野から、ひたひたと無音の波が寄せてきて、私は身を縮めた。どんなにか熱かっただろう――。『トリニティ・サイト』に立つこの時まで、私は、地上で最初に核の被害を受けたのは、私たち人間だと思っていた。そうではなかった。被爆者の先輩が、ここにいた。泣くことも叫ぶこともできないで、ここにいた。

私の目に涙があふれた。

（「トリニティからトリニティへ」*8 より抜粋）

一九八六年四月に発生したチェルノブイリの原発事故では大量の放射能が大気中に飛散し、隣国のベラルーシの子どもたちにも喉に腫瘍ができる甲状腺ガンが多発するようになった。飛散した放射性物質の量は広島に投下された原爆の五〇〇倍もあったと推定されている。

甲状腺ガンの治療や研究を行っていた日本人医師の菅谷昭《すげのやあきら》氏は、一九九一年にベラルーシの子どもたちの窮状を見て、その治療のために現地へ飛んだ。そこで驚いたのは甲状腺ガンの子どもたちの多さで、ベラルーシの子どもたちの甲状腺ガンの発生率は日本の四〇倍とも見られた。

菅谷氏の手術は切開の跡が目立たないもので、現地の医師や患者の子どもたちの親から驚嘆や称賛の想いで見られたという。そして、菅谷氏は現地の若い医師たちに手術の技術を教えるようになった。その技術を伝えて六年、若い医師たちも自立して手術ができるようになったのを見届けて、菅谷氏は日本に帰国した。

ヒクメットの詩にあるように、地球が冷たくならないために、国際社会が協力できる分野は菅谷氏の活躍した医療だけでなく、環境破壊、気候変動など多くの問題にもあるだろう。

菅谷氏の活動のように、人が生きることを必死に支える姿を見ると、人が殺し合う戦争に異様にエネルギーを傾注する政治指導者たちの姿は本当にばかげて見える。

ヒクメットの表現を借りれば、地球をクルミの殻のようにする気候変動、環境破壊は、世界が協調してその改善や解決に努力を払わなければならない問題だ。国際社会に求められているのは、対立や対決よりも地球市民としての協同作業である。

# 持続可能な社会とは逆行する戦争

わたしは自然が語ることば、
それを自然はとりもどし
その胸のうちにかくし
もう一度《ひとたび》語り直す。
わたしは青空から落ちた星、
みどりのじゅうたんの上に落ちた星。
わたしは大気の力の生んだ娘、
冬には連れ去られ
春には生まれ
夏には育てられる。
そして秋はわたしを休ませてくれる。

――「花のうた」[*9] ハリール・ジブラーン

ハリール・ジブラーン（一八八三～一九三一年）は、オスマン帝国山岳レバノン直轄県出身の詩人、画家、彫刻家で、米国で主に活動した。やさしく、美しい情景が目に浮かぶジブラーンの詩は持続可能な社会の構築という国際社会の取り組みを代弁するかのようだ。

作家で、環境保護活動家だったC・W・ニコル氏は一九九五年に日本国籍を取得した。日本に移住した理由は、日本の里山の風景をこの上もなく素晴らしいものと思い、また北に流氷が、南にサンゴ礁が見られる他に例のない自然豊かな国だからというものだった。そして、日本では思うように旅ができ、言論の自由もあることも、日本を気に入った理由だったという。

ニコル氏は、「豊かな命と自然を守る」をモットーに、長野県黒姫高原に購入した里山の一部を「アファンの森」と名づけ、その荒れた里山の再生を図るための活動を行った。

ハリール・ジブラーン
Le Liban ... en quelques mots, Public domain, via Wikimedia Commons

「アファン」とはニコル氏が生まれたウェールズの言葉で「風が通るところ」という意味だ。黒姫を流れる鳥居川の護岸工事も、コンクリートではなく、天然の石や岩を使うという「近自然工法」を主張した。ニコル氏の構想の通りに工事が進められた結果、イワナやカジカなどの川魚も増えた。

また、ニコル氏は長崎の被爆エノキを国内外に広めることを考えていた。被爆エノキを広めることは「広島・長崎の悲劇を繰り返してはならない」という思いを世界に広めることだと考えた。故郷の南ウェールズは産業革命によって破壊された自然を、市民の愛情と汗と知恵で取り戻したが、核廃絶も市民の力を結集すれば、同様に良い方向に向かうはずだと信じていた。

ニコル氏の故郷の南ウェールズは、良質な石炭や鉱物資源に恵まれた土地だったために産業革命などによって開発が進み、彼が子どもの時には森林面積はたったの四％になっていた。柔道や空手の修行のために来日したニコル氏は、日本の森林の美しさに魅せられ、日本の自然のとりこになる。

ニコル氏は四〇歳の時に再来日すると友人のいる長野県に住んだ。長野県の森に関心をもって、猟友会に入り、地元の猟師と山々をめぐっていっそう日本の自然が好きになった。しかし、日本ではバブルの波が押し寄せて道路が建設され、樹木が大規模に伐採されるなど自然が破壊されることに心を痛めるようになる。そんな時、ウェールズ政府によってウェールズが自然を取り戻したことを知らされた。

ニコル氏がウェールズに戻ると、破壊されたウェールズの自然は「アファン・アルゴールド森林公園」として蘇り、森林面積は六〇%にもなっていた。ニコル氏はこのウェールズの成功を日本にも応用したいと考えるようになり、日本に戻ると友人たちとともに森づくりに励むようになる。放置された山を買い、倒木を整理し、ササを刈り、ブナや元々生息していたと考えた樹種の木を植え、森の再生を図っていった。

自然は私たち人間が地球を傷つけ　共に生きる他の生命を
虐げていることに　多くの警告を発している
私たち人間は他の生き物に　もっと敬意を払い
自然界の調和を乱さぬよう　力を尽くせないものか

——C・W・ニコル

この章で見てきたような、戦争や環境破壊に警鐘を鳴らす芸術は、狭量なナショナリズムを超えていっそうの人類の協力を訴えているように思う。ナショナリズムを乗り越えるということは、戦争を克服し、環境などに関する国際協力をもたらす背景にもなる。日本の文化庁のホームページには「文化は人間が人間らしく生きるために極めて重要であり、人間相互の連帯感を生み出し、共に生きる社会の基盤を形成するものです。世界の多様性を維持し、世界平和の礎となります」などと書かれている。

ユネスコ（国際連合教育科学文化機関）の憲章前文にも「戦争は人の心が起こすものだから、人の心に平和の砦を築かなければならない」とある。

優れた芸術の訴える精神や真髄に触れ、環境問題など人類の共通課題にいかに取り組み、また不合理な戦争をいかに克服するかに真摯に想いを馳せることが、国際社会に求められている。

＊1　『The Lyrics 1961-1973　ボブ・ディラン』佐藤良明訳（岩波書店、二〇二〇年）、九八頁
＊2　オマル・ハイヤーム『ルバイヤート』小川亮作訳（岩波文庫、一九七九年）所収
＊3　『The Lyrics 1961-1973　ボブ・ディラン』佐藤良明訳（岩波書店、二〇二〇年）、三五九頁

＊4　https://www.pugwashjapan.jp/russell-einstein-manifesto-jpn
＊5　バリー・マイルズ『PAUL McCARTNEY/MANY YEARS FROM NOW』竹林正子訳・松村雄策監修（ロッキング・オン、一九九八年）、一七五頁
＊6　『ビートルズ全詩集（改訂版）』内田久美子訳（ソニー・ミュージックパブリッシング発行・シンコーミュージック・エンタテイメント発売、二〇〇〇年）、二八五頁
＊7　二千語宣言とは、知識人や芸術家により一九六八年にチェコスロバキアで署名された文書。「プラハの春」により改革を進めていた革命指導部を支持し、期待を表明する旨が、改革派作家であるルドヴィーク・ヴァツリークにより執筆された。
＊8　林京子『長い時間をかけた人間の経験』（講談社、二〇〇〇年）所収
＊9　神谷美恵子『ハリール・ジブラーンの詩』（角川文庫、二〇〇三年）所収

# おわりに

本書で紹介した中村哲医師は、アフガニスタンの干ばつに危機感を覚え、用水路の建設を決意した。それは、干ばつが続けば栄養失調や感染症が増えるという考えによるもので、アフガニスタンの人々が自給自足できる環境づくりを思い立ったのだった。土木に素人だった中村医師は、独学で用水路の設計や建設を行い、二〇一八年には土木学会工学賞を受賞するまでに至るなど、知識や技術を高めていった。

中村医師の取り組みは、アフガニスタンで生き続けている。

二〇二三年一月、福岡市のNGO「ペシャワール会」の村上優会長らが、中村医師が築いた用水路のある集落を訪れると、そこでは新たにアフガニスタンの人々が築いた用水路や取水口が完成し、農地も拡がり、人々は水のある環境の中で生き生きと暮らしていたという。

ペシャワール会は、現地の治安状況が改善するまではオンラインで事業の進捗状況を確認してきたが、治安状況が落ち着いたのを受けて約二週間滞在した。中村医師が用水路を引いた集落では子どもたちが走り回り、バザール（市場）が立ち並ぶなど、村上会長は平和を実感したという。

中村医師の灌漑事業で築いた農地は約一万六五〇〇ヘクタールだったが、それが現在では約二万四〇〇〇ヘクタールと琵琶湖の三分の一超の土地となっていた。集落では麦、ミカンなどの生産や牧畜や養蜂も行われるようになり、現地のスタッフには病院も拡大したいという意向もあるのだという。[*1]

干ばつは、アフガニスタンだけでなく地球規模の広がりを見せる深刻なもので、それ自体が紛争を招く危険がある。戦乱で干ばつなどの環境問題が無視されたり、改善されなかったりすることに、中村医師はずっと警鐘を鳴らしていた。

正しい為政者は、兵力によって天下に強さをみせてはならない。仮に戦ったとしても、元の平和に戻ることを好むべきだ。軍隊が駐留し戦争があるところには、農地があらされて、ぺんぺん草しか生えない。戦争のあとには、凶作飢饉が来るのだ。善き為政者は、果敢に戦うが国を強大にしようとは思わない。果敢であるが、勝利や手柄を自慢しない。果敢であるが、勝ってもおごらない。果敢であるが、やむをえず戦争したことは忘れない。果敢であっても、強くありたいとは思わない。

（『老子』三〇章）

この『老子』の章は、拙著『現代イスラムの潮流』（集英社新書、二〇〇一年）の編集をして頂いた辻村博夫氏による意訳だが、辻村氏は「マガジン9条」で中村医師の活動に触れる中で、この『老子』の章を紹介している。[*2] 老子の言葉通り、タリバン政権復活後のアフガニスタンでは農地が減り、干ばつで凶作が顕著となった。その危機感があったからこそ、中村医師はアフガニスタンに用水路を築いて水を引き、農地を再生したり、拡大したりする活動をしていたのではないかと思う。

中村医師は老子が説くような義や勇の価値観をよく備え、アフガニスタンの平和をもたらすにはどうしたらよいかを考えた人だった。本当の平和とは武器による抑止などによってつくられるものでなく、食事など人々の生活が満たされることによって築かれる。中村医師が愛読していた魯迅の作品にも、農民の生活とともに中国の農村社会の後進性が主要なテーマとして描かれ、中村医師の活動の原点を見るようだ。

現実を言うなら、武器を持ってしまったら、必ず、人を傷つけ殺すことになるのです。そしてアフガニスタンやイラクで起こっているように、人が殺し合い、傷つけ合うことの悲惨さを少しでも知っていたなら、武器を持ちたい、などと考えるわけがありません。

——中村哲医師（『憲法を変えて戦争へ行こう という世の中にしないための18人の発言』）

環境が悪化し、アフガニスタンのように砂漠化して人々が食を奪い合うような事態になれば、世界各地で戦争が起こりかねない。中村医師はアフガニスタンでの体験や活動を、現在や将来の国際社会に示したかったに違いない。

「気候変動に関する政府間パネル（ＩＰＣＣ）」は、気温が一・五度以上上昇すると危険な状態に陥ると警告を発したが、サウジアラビアやオマーン、ＵＡＥ、イラクなどペルシア湾岸諸国では、夏の日中の気温がかつては四五度から五〇度ぐらいであったのが、現在では五五度前後になることも頻繁になった。

イラク南部では温暖化に伴い干ばつで農業が破壊され、農民たちは大都市に移住するが、そこでも上水道インフラが耐えられない状態になっている。パレスチナ人は伝統的にオリーブを商品作物として栽培してきたが、イスラエルによって水の管理を奪われ、またレバノンでは、政府の失政による水管理の破綻により水不足が慢性的に深刻な状態に陥っている。気候変動は、人口の七〇%が農業に依存する中東・北アフリカ地域では深刻なものであることは疑いがない。

中東・北アフリカ地域ではイエメン、シリア、リビアなど紛争国があり、紛争も環境改善を図る上で障害になっている。国境を超えた取り組みが必要だが、環境問題に対する為政者たちの意識はレバノンに見られるように決して高くなく、同じアラブでもサウジアラビアとイエメンのように、国家間で対立や衝突がある場合もある。また、タリバンによって崩壊させられたガニ政権のように腐敗が顕著な国も少なくない。紛争、水不足、人口増加、砂漠化などアフガニスタンの抱えていた問題は、中東・北アフリカ諸国が多かれ少なかれ共通して抱えている。

サウジアラビアのムハンマド皇太子は二〇二一年三月、「気候変動対策（グリーンイニシアチブ）」を発表し、再生可能エネルギーの総発電量に占める割合を五〇%、ガス火力を五〇%にする目標を掲げ、数十年の間に一〇〇億本の植林を進めていく考えを明らかにした。さらに、ムハンマド皇太子は世界有数の産油国として、二酸化炭素の排出量を減らしていく決意も明らかにした。

しかし、この構想には疑問の声が上がっている。というのも、二〇一五年に温暖化ガスの排出量を一億三〇〇〇万トン削減するという目標を掲げたものの、その具体的手段や方策についてはは明らかにすることはなかったからだ。

また、ムハンマド皇太子の壮大な開発プロジェクト「NEOM」の一環として水素発電で電力のすべてをまかなう脱炭素都市「ザ・ライン」の建設構想も明らかにされた。二〇一八年には日本のソフトバンクグループと二〇〇〇億ドル（約二六兆円）に上る世界最大の太陽光発電プロジェクトを明らかにした。しかし、このプロジェクトもその後の進捗状況が明らかになっていないなど、サウジアラビアの環境問題への壮大な構想には実現性が乏しいのではないかと冷ややかな市場の声もある。

サウジアラビアと同様に、UAEは二〇五〇年までにクリーンエネルギーの割合を二五％から五〇％に上げ、二酸化炭素の排出量を七〇％削減する「UAEエネルギー戦略二〇五〇」を明らかにしている。また、UAEの首都アブダビにも消費電力のすべてを再生可能エネルギーでまかなう「マスダールシティ」構想がある。シティ内の移動は電気自動車か、無人電動モノレール「PRT（Personal Rapid Transit）」によるものとされるなど環境を意識したこの構想は、二〇〇六年から建設が開始され二〇一六年に完成するはずだったものの、二〇〇八年の世界同時不況などでつまずき、その完成は二〇三〇年にまで延長された。イギリス紙『ガーディアン』が「失敗した壮大な実験」と形容するなど、成功とはほど遠い状態にある。

これらの湾岸諸国は二〇一七年から二一年までの期間、サウジアラビアがインドと並んで世界最大の武器輸入国となり、またUAEが九位になるなど、軍備の拡大に力を注いだ。さらに、米国の軍需産業の利益を潤すかのように、二〇一五年からアラビア半島の国イエメンへの軍事介入に躍起となった。中村医師が「武器を持ってしまったら、必ず、人を傷つけ殺すことになるのです」と語ったことを地で行くようなイエメン介入を行っている。武器を大量に購入することによって国民の福利への注意がおろそかになり、万人に福利を与えるような姿勢は希薄だ。

環境問題の取り組みの基本は、国民である万人が食を十分に与えられることを考えることだ。それができない限りいくら壮大なプロジェクトを掲げても成功するとは思えない。食べることができなければ、人々は武装集団に入って養われることを考えたり、また木材を伐採して売りさばいたりするなど、環境に著しいダメージを与えることになる。中村医師、あるいは第四章で見たような日本の先人たちの取り組みは、世界の気候変動や、そこから派生する平和創造に対して見事な回答をわれわれに与えている。

環境問題の改善や平和の構築には決して壮大な構想は必要ない。日本の先人たちの努力は、われわれ自身の環境や平和創造に対する意識を高め、できることから始めなさいと教えているようだ。

中村医師の座右の銘である伝教大師の「一隅を照らす（自分の居場所で精一杯に尽くす）」とは、自らの努力を世界の人々と共有し、また協調することによって、世界共通の課題に対処することを日本や世界の現在、また将来の世代に向かって訴えているように思う。

---

＊1　「中村哲さんら手がけた緑の農地、死去後も拡大続く　アフガン東部」（『毎日新聞』二〇二三年二月三日）

＊2　http://www.magazine9.jp/neko/dai32/dai32.php

# 参考文献


中村哲『医者 井戸を掘る――アフガン旱魃との闘い』（石風社、二〇〇一年）
中村哲『ほんとうのアフガニスタン』（光文社、二〇〇二年）
中村哲『アフガニスタンの診療所から』（ちくま文庫、二〇〇五年）
緒方貞子『私の仕事 国連難民高等弁務官の10年と平和の構築』（朝日文庫、二〇一七年）
井伏鱒二『黒い雨』（新潮社、一九六五年）
『創世記（旧約聖書）』関根正雄訳（岩波文庫、一九六七年）
半藤一利『靖国神社の緑の隊長』（幻冬舎文庫
遠山正瑛『よみがえれ地球の緑――沙漠緑化の夢を追い続けて』（佼成出版社、一九八九年）
石田紀郎『現場とつながる学者人生――市民環境運動と共に半世紀』（藤原書店、二〇一八年）
Behind Kyoto University's Research ドキュメンタリー Vol.21「餓えと争いをなくすため、砂漠をゴミで緑化する。『アフリカの人道危機を解決する実践平和学』」アジア・アフリカ地域研究研究科 教授
大山修一 https://research.kyoto-u.ac.jp/documentary/d021/
ナーズム・ヒクメット『ヒクメット詩集』中本信幸編訳（新読書社、二〇〇二年）
佐藤剛「不滅のプロテスト・ソングとしてチェコで歌われていたビートルズの『ヘイ・ジュード』」
http://www.tapthepop.net/extra/76457
C・W・ニコル講演「森から未来を見る」森林ボランティアフォーラム、平成三〇年二月三日、於：
黎明館講堂
『老子』蜂屋邦夫訳（岩波文庫、二〇〇八年）

宮田律『現代イスラムの潮流』（集英社新書、二〇〇一年）
『憲法を変えて戦争へ行こう という世の中にしないための18人の発言』（岩波ブックレット657、二〇〇五年）

宮田律（みやた おさむ）
1955年山梨県生まれ。一般社団法人現代イスラム研究センター理事長。慶應義塾大学文学部史学科東洋史専攻卒。83年、同大学大学院文学研究科史学専攻を修了後、米国カリフォルニア大学ロサンゼルス校（UCLA）大学院修士課程修了。87年、静岡県立大学に勤務し、中東アフリカ論や国際政治学を担当。2012年3月、現代イスラム研究センターを創設。専門はイスラム地域の政治および国際関係。『現代イスラムの潮流』（集英社新書）、『物語 イランの歴史』『中東イスラーム民族史』（いずれも中公新書）、『石油・武器・麻薬 中東紛争の正体』（講談社現代新書）、『オリエント世界はなぜ崩壊したか』（新潮選書）、『武器ではなく命の水をおくりたい 中村哲医師の生き方』（平凡社）など著書多数。

地球を壊す人、救う人々
戦争と環境破壊連鎖の危機

2023年3月22日　第1刷発行

著　者――宮田律
発行者――三橋初枝
発行所――株式会社薫風社
〒332-0034 川口市並木3-22-9
電話 048-299-6789　http://kunpusha.com/
印刷・製本――株式会社シナノ パブリッシング プレス

落丁、乱丁本は、送料当社負担にてお取替えいたします。
価格はカバーに表示してあります。

ISBN978-4-902055-43-6